Dr. Peggy Riedel

Bartagamen

Haltung und Pflege, Gesundheit und Zucht

KOSMOS

Inhalt

Das sind Bartagamen

Liebenswerte Drachen

Bereits seit einigen Jahren nimmt die Beliebtheit der Bartagamen stetig zu. Damit einhergehend wird auch der Büchermarkt um einige interessante Bartagamenbücher reicher. Dieser Ratgeber soll sich nicht in die Vielzahl der bereits vorhandenen Haltungs- und Fütterungsratgeber eingliedern. Vielmehr soll er die Bartagamenliebhaber in übersichtlicher Form für Haltungs- und Fütterungsfehler sensibilisieren und über sehr häufig auftretende, typische Bartagamen-Krankheiten informieren. Denn gerade in der Tierarztpraxis werden häufige Fehler in Haltung und Fütterung deutlich, die mit den richtigen Ausgangsinformationen und dem Verständnis der Zusammenhänge vermeidbar sind. Prävention wird v. a. in der Reptilienmedizin groß geschrieben, da es mit dem Sichtbarwerden der Erkrankung zu spät für eine Therapie sein kann.

Bartagamen und der Mensch

Bartagamen und der Mensch: eine Kombination, die bei näherer Betrachtung der unterschiedlichen Lebens- und Verhaltensweisen anmuten lässt, dass es nur wenige Gemeinsamkeiten geben kann. Der Mensch benötigt sozialen Kontakt – er sucht gezielt nach Partnern und ist in der Lage, sich sozial zu binden. Aber Bartagamen sind Einzelgänger. Demzufolge sind sie, von der Fortpflanzungsperiode einmal abgesehen, nicht auf den Kontakt oder die Nähe zu anderen Artgenossen oder zum Menschen angewiesen.
Zudem stehen Bartagamen relativ weit unten in der Nahrungskette. Bei Annäherung eines anderen Lebewesens wird der Organismus der Echse in Alarmbereitschaft versetzt. Es wird das Stresshormon Adrenalin ausgeschüttet. Das Tier entscheidet nun situationsbedingt,

Bartagamen gewöhnen sich gut an die menschliche Pflege – sie werden richtig „zahm“.

ob es sinnvoller ist zu flüchten, ruhig und unauffällig zu verharren oder zu beißen. In der Regel sind Bartagamen friedliche Artgenossen, die sich primär entscheiden, regungslos zu bleiben. Auch in Gefangenschaft sind Abwehrreflexe und Fluchtverhalten kaum ausgeprägt. Nur sehr selten zeigen die gutmütigen Drachen eindeutige Drohgebärden, wie das Maulaufreißen, das Bartschwarzfärben, Fauchen oder Angreifen. Dies macht es aber z. B. für Kinder schwierig einzuschätzen, wann die Bartagame ihre Ruhe haben möchte.

Streicheln

Streicheln wird oft toleriert, doch die meisten Tiere genießen diese Augenblicke der liebevollen Zuwendung durch ihren Besitzer nur eingeschränkt. Das bei Hund und Katze genussvolle Augenschließen und Stillhalten beim Liebkosen wird bei Bartagamen oft fehlinterpretiert. In der Welt der Bartagamen ist dies ein Zeichen der Unbehaglichkeit, denn ein Tier, das sich regungslos verhält, wird in der Natur durch seinen Feind nur schwer ausgemacht. Auch ständiges Herumtragen sollte den Tieren zuliebe unterbleiben, um die Gesundheit durch diesen Stress nicht unnötig zu gefährden. In diesem Zusammenhang sollten auch regelmäßige Wohnungsausflüge gründlich überdacht werden. Neben dem Stress und der Angst können Zugluft, Staub, giftige Wohnungspflanzen und v. a. die fehlende Möglichkeit, die Körpertemperatur unter einem Wärmespot zu regeln, gesundheitliche Folgen haben.

Kinder sollten beaufsichtigt und der direkte Kontakt zu Exkrementen der Echsen vermieden werden.

Zusammen mit Kindern

Nicht ganz unbedenklich sind die steigenden Zahlen der Salmonelleninfektionen bei Kleinkindern, die direkten Kontakt zu Reptilien hatten. Die Ansteckung erfolgt vermutlich primär über die Exkremente der Bartagamen. Der Kontakt der Kinder mit den Ausscheidungen der Echsen ist auf Dauer nicht hundertprozentig auszuschließen. Besonders beim Freilauf in der Wohnung können die Hinterlassenschaften auf dem Wohnzimmerboden eine Infektionsquelle für Krabbelkinder darstellen. Bartagamen sind daher nicht für Kleinkinder bzw. immunsupprimierte Menschen als Haustiere zu empfehlen. Zumindest ist aber ein sorgfältiger hygienischer Umgang anzuraten.
Versteht und hinterfragt der Mensch das Verhalten der Echsen und toleriert die Bedürfnisse einer Bartagame, steht einem faszinierenden Miteinander nichts im Weg.
Bartagamen lernen in einer konstanten Umgebung durchaus, dem Menschen zu vertrauen. Somit können die Reptilien durch ihr gutmütiges Wesen und

Tipp Für den Umgang

Alle Arbeiten im Umfeld der Bartagame geschehen in Ruhe. Langsame, bedachte Bewegungen schaffen Vertrauen. Kinder können der zutraulichen Echse das Futter im Garten pflücken und Leckerbissen aus der Hand füttern. Eine Bartagame, die vertraut ist, toleriert auch bereitwillig den Menschen. Es gibt aber auch Tiere, die übermütig, ängstlich oder aggressiv bleiben – das muss man akzeptieren!

ihre scheinbare „Zahmheit“ auch eine Bereicherung im Leben verantwortungsbewusster, interessierter Kinder sein. Unter Berücksichtigung der möglichen Gefahrenquellen und unter Einhaltung bestimmter Regeln ist nichts gegen gelegentliche Streicheleinheiten einzuwenden.

Anspruchsvoller Pflegling

Bartagamen wirken äußerst attraktiv durch ihr drachenähnliches, imposantes Aussehen. Ihre handliche Größe, ihr Zutrauen und ein interessantes, freundliches Verhalten machen sie zu einer sympathischen Alternative zu Kaninchen & Co. Zudem ist ein hübsch eingerichtetes Terrarium ein besonderer Blickfang in der Wohnung. Ein weiterer Vorteil scheint der geringere Pflegeaufwand zu sein und die im Handel erhältliche Technik erleichtert es, in Kürze eine künstliche Wüste für die auserkorenen Drachen herzurichten. Bartagamen unterliegen in Deutschland keiner Artenschutzbestimmung und dürfen ohne Nachweispflicht gehalten werden. Die pflegeleichte Echse bietet Reptilienanfängern also scheinbar einen leichten Einstieg in die Terraristik. Doch unterschätzen darf man den Pflege- und Fütterungsaufwand nicht: Bartagamen benötigen als „Halbwüstentiere“ viel Helligkeit und spezielles UV-Licht, um das Wohlbefinden zu fördern, Krankheiten zu vermeiden und Fortpflanzungserfolge zu erzielen. Außerdem sind Kenntnisse über den richtigen Lampeneinsatz von wichtiger Bedeutung. Dazu belasten die Bereitstellung der meist teuren Lampen, der Stromverbrauch, die jährlichen Kotuntersuchungen, Tierarztbesuche und der abwechslungsreiche Insektenkauf den Geldbeutel.
Außerdem können Reptilien Salmonellenausscheider sein. Besonders in Familien mit immunsupressiven Menschen oder Kleinkindern sollte auf einen hygienischen Umgang geachtet werden. Allergiker sollten bedenken, dass auf den Futtertieren Milben haften können und der aufgewirbelte feine Sandstaub sich in der gesamten Wohnung verbreiten kann. Auch gegen das Futter der Futtertiere können Allergien vorliegen. In Mietwohnungen ist es sinnvoll, im Vorfeld den Vermieter oder unmittelbare Nachbarn über die Haltungsabsichten zu informieren, bevor es durch nächtliches Zirpen der Grillen oder gar deren Flucht und Eindringen in die nachbarliche Wohnung zu Auseinandersetzungen kommt. Da für die Gesundheit der Pfleglinge ein besonderes Hygiene- und Fütterungsmanagement erforderlich ist, braucht man auch eine geeignete Urlaubsvertretung.

Echsen von Down Under

Bartagamen verallgemeinert als Wüstentier zu bezeichnen, wäre nicht korrekt. Steinige Sand- und Buschlandschaften sowie Regionen mit Baumbestand prägen die australische Heimat der Echsen. Bartagamen sind wechselwarme Tiere. Die optimale Körpertemperatur von durchschnittlich 35 °C wird durch das Aufsuchen geeigneter Wärmequellen bzw. kühler Plätze reguliert. Die meiste Zeit verbringen die Echsen bodennah in sonnigen Bereichen. Erhöhte Sitzgelegenheiten wie Baumstümpfe oder Felsen werden aufgesucht, um den besten Überblick über das Revier zu haben und um sich aufzuwärmen. Bei kühlerer Umgebungstemperatur, v. a. in den Abendstunden, sitzen Bartagamen gerne auf noch Wärme abstrahlenden, dunklen Steinen oder asphaltierten Straßen. Zur Wärmeaufnahme wird der Körper abgeflacht, um die Oberfläche zu vergrößern. Zusätzlich färbt sich das Tier mittels der melaninhaltigen Zellen, den Melanozyten, auf dem Rücken dunkler, um die Wärme besser zu absorbieren. Erst wenn die Körpertemperatur das Aktivitätslevel erreicht hat, wird das Tier wieder heller und beginnt, umherzulaufen.
Das beim Sonnen geöffnete Maul dient der Thermoregulation: Durch Hecheln wird eine Abkühlung über die Verdunstungskälte des Speichels bewirkt.
Während der Suche nach Futter, der Erkundung der Umgebung und Begegnungen mit einem geeigneten Geschlechtspartner werden ab und an die Gegenstände oder die Artgenossen mit der Zunge betastet. Die so aufgenommenen Geruchs- und Botenstoffe werden über das Jacobson'sche Organ analysiert.
Die Futteraufnahme erfolgt am Tag. Nach besonders heißen Tagen, die vorzugsweise in Verstecken abgewartet werden, gehen Bartagamen auch in lauen Nächten auf Futtersuche. Die Ansitzjäger suchen zwar pflanzliche Kost aktiv, lauern der tierischen Nahrung jedoch auf. Dazu sitzen die Echsen meist auf erhöhten Sitzplätzen. Durch ihren stark ausgebildeten Sehsinn bleibt keine Bewegung eines Beutetieres unerkannt. In freier Wildbahn werden Insekten, Frösche, Vögel, Eidechsen und Kleinsäuger erbeutet.

Zur Regulierung der Körpertemperatur wird das Maul geöffnet.

Regentropfen werden durch diese Körperstellung effektiv vom Rücken bis zum Maul geleitet und getrunken.

Kostbares Nass

Als Bewohner eines überwiegend trockenen Lebensraumes haben Bartagamen gelernt, mit dem geringen Wasservorrat zu haushalten. Ein Großteil der Wasserversorgung wird bereits über die Nahrung sichergestellt. Gerne werden Tau- und Regentropfen aufgeleckt. Sitzt eine Bartagame im Regen, so ist sie in der Lage, ihren Körper so aufzurichten, dass das auf sie herabtropfende Wasser zur Maulspitze läuft, wo es dann aufgenommen wird (s. Abb. oben).
Der Flüssigkeitsverlust über Atmung und die Verdunstung über die Körperoberfläche hält sich vor allem bei ausreichender Luftfeuchte in Grenzen. Speziell sei hier die Fähigkeit zur Harnsäureproduktion in der Leber erwähnt, die dem Tier hilft, Wasser zu sparen. Harnsäure ist nicht wasserlöslich und damit verursacht ihre Ausscheidung keinen zusätzlichen Flüssigkeitsverlust über die Nieren. Zudem können überschüssige Salze flüssigkeitssparend über die Nase ausgeschieden werden.

Winterpause und Frühlingsgefühle

Mit zunehmendem Temperaturrückgang suchen sich Bartagamen ein Quartier für eine kurze Ruhephase von etwa drei Monaten. Während dieser Zeit wird der Stoffwechsel herabgesetzt und die Futteraufnahme bis auf ein notwendiges Minimum eingeschränkt oder ganz eingestellt. Der Körper arbeitet auf Sparflamme, um die Energiereserven einzusparen. Das Versteck wird in dieser Zeit so gut wie kaum verlassen.
Mit zunehmender Tageslichtlänge und einem Temperaturanstieg über 20 °C werden die Echsen wieder mobil. Zuerst verlassen hauptsächlich die Männchen das Winterquartier, um sich ihr Territorium für die nun bevorstehende Paarungszeit zu sichern. Bartagamen sind Einzelgänger. Lediglich während der Fortpflanzungsperiode werden die im Revier befindlichen Weibchen aufgesucht und begattet.
Dringt ein männlicher Konkurrent in das Territorium ein, wird dieser mittels Dominanzgesten vertrieben. Hierzu stellt sich der Bartagamenmann so aufrecht wie möglich, um groß zu wirken. Die Kehle und die Schwanzspitze färben sich tiefschwarz und er beginnt eindrucksvoll, ruckartig mit dem Kopf zu nicken, um seine Besitzansprüche geltend zu machen.
Der Unterlegene von beiden wird sich nun aus dem Wirkungskreis des dominanten Männchens zurückziehen. Die Unterlegenheit wird durch Demutsgesten, wie dem Ducken, leichtem Kopfnicken und Winken mit einer Pfote demonstriert. Gibt keiner von beiden

nach, kommt es zu einem Kampf. Beide Männchen umkreisen sich nun mit leicht schräg gestellten Körpern und versuchen den Gegner durch Bisse, vornehmlich in die Schwanzregion, zum endgültigen Aufgeben zu zwingen. Nach fast ähnlichem Verhaltensschema wird das Weibchen umgarnt (s. Kap. Zucht S. 118f.). Durch das Aufstellen des Körpers und das Abspreizen des verdunkelten Bartes demonstriert es seine Größe und Dominanz. Bei der Paarung erfolgen die Bisse in die Nackenregion, um das Weibchen festhalten zu können. Nach erfolgter Paarung gehen die Tiere wieder ihre eigenen Wege. Das Weibchen legt je nach Alter und Kondition etwa 4–31 Eier in schräg in die Erde gegrabene tiefe Gänge ab. Diese werden anschließend wieder mit Bodensubstrat bedeckt und ihrem eigenen Schicksal überlassen.

Mutige Fluchttiere

Werden Bartagamen durch Feinde bedroht, flüchten sie in der Regel, um unter einem Gebüsch oder zwischen Gestein Schutz zu suchen. Ist eine Flucht aussichtslos, verharren die Tiere regungslos, um so wenig wie möglich auf sich aufmerksam zu machen. Erst wenn der Feind bedrohlich nahe kommt, wird zur Abschreckung die dunkel gefärbte Kehle aufgestellt und das Maul weit aufgerissen. Als letzte Instanz kann der Angreifer aber auch durch Bisse und Schwanzschläge attackiert werden. In der Wildbahn ist es durchaus möglich, sich den wilden Tieren bis auf wenige Zentimeter zu nähern. Diese natürliche „Zahmheit" hat diesem Reptil zu seinem Ruf als unkompliziertem, pflegeleichtem Terrarientier verholfen.

Zwei Kontrahenten umkreisen sich.

Die Körpersprache der Bartagamen

Geste	Wer	Verhaltensmuster	Wann und Warum
Dominanzgehabe	Ranghöheres, dominantes Tier, meist Männchen.	Schnelles, ruckartiges Nicken, Schwarzfärbung von Bart und Schwanz, Bartspreizen, Beinestampfen, Aufstellen.	Begegnung mit Artgenossen, Revierverteidigung, Umwerben des des Weibchens.
Drohen	Sich bedroht fühlendes Tier, dominantes Männchen.	Maul aufreißen, Fauchen, Bartspreizen, Schwarzfärbung Bart und Schwanz, Abflachen des Rumpfes, Körperschrägstellung, Schwanzschlagen.	Gefahr, Bedrohung durch Feinde, Revierverteidigung, Vertreiben von Rivalen
Kampf	Männchen.	Wie beim Drohen, zusätzlich noch: Umkreisen des Kontrahenten, Bisse, um den Gegner zu fixieren, Besteigen des Gegners.	Revierverteidigung, Vertreiben von Rivalen.
Beschwichtigung	Unterlegenes, rangniederes Tier, meist Weibchen.	Ducken, Armdrehen (Winken), langsames, bedächtiges Nicken in geduckter Haltung, ruhiges Verharren.	Unterlegenheit zeigen, Harmonie sichern, Paarungsbereitschaft zeigen (Weibchen).

Geste	Wer	Verhaltensmuster	Wann und Warum
Paarung	Weibchen mit Männchen.	Männchen: Nicken, Schwarzfärbung Bart, Schulter, Schwanzspitze, Nackenbiss beim Weibchen. Weibchen: Entweder Flucht, Verstecken oder Ärmchendrehen, langsames Nicken und Duldung der Paarung in geduckter Haltung.	Fortpflanzungszeit.
Abneigung/ Unterdrückung	Alle Tiere.	Augenschließen, Verharren in ruhiger, geduckter Haltung, Dunkelfärbung.	Ablehnung einer Kontaktaufnahme, Bedrohung.
Erkundung/ Begrüßung	Alle Tiere.	Belecken der Gegenstände, des Futters oder anderer Bartagamen.	Geruchsaufnahme oder Identifikation (neuer) Gegenstände, Artgenossen, Futter etc.
Sonnenbaden	Alle Tiere.	Extremes Abflachen des Körpers durch Abspreizen der Rippen. Längeres Verharren in dieser Haltung. Maul geöffnet, Dunkelfärbung.	Zur Regulation der Körpertemperatur, beim Aufwärmen.

Verwandtschaft und Systematik

In der Literatur gibt es noch keine einheitliche Klassifizierung der verschiedenen Bartagamenarten. Es ist relativ schwierig, die exakten verwandtschaftlichen Beziehungen nachzuvollziehen. Demzufolge ist es nicht einfach zu sagen, ob es sich bei manchen Tieren um eine eigenständige Art oder in Einzelfällen um Unterarten handeln könnte. So werden beispielsweise *P. minima* und *P. mitchelli* als Unterarten von *P. minor* diskutiert, woraus sich statt acht Arten sechs Arten und zwei Unterarten ergeben würden.

Die Arten unterscheiden sich vor allem in ihrer Körpergröße, der Kopfform, ihrer Körperfärbung, der artcharakteristischen Kopfbestachelung sowie der unterschiedlichen Anzahl und Form der Schuppen. In Australien überschneiden sich die Verbreitungsgebiete der Arten *P. vitticeps* und *P. barbata* sowie *P. vitticeps* und *P. henrylawsoni.* Allerdings können keine Übergangsformen, also Bastarde festgestellt werden, obwohl Verpaarungen unterschiedlicher Arten in der Terraristik gelangen. In den frühen 1980er-Jahren wurden die ersten Bartagamenarten in die USA und nach Deutschland importiert, wo kurz darauf Zuchtversuche begannen.

Info Systematik

Klasse Reptilien

- › Ordnung Schuppenkriechtiere
- › Unterordnung Echsen
- › Familie Agamen
- › Gattung Pogona (Bartagamen)
- › Arten: *Pogona vitticeps* (Streifenköpfige Bartagame), *Pogona barbata* (Östliche o. Gewöhnliche B.), *Pogona henrylawsoni* (Lawsons B., Lawsons Zwergb.), *Pogona minor* (Westliche o. Zwerg-B.), *Pogona mitchelli* (Mitchells B.), *Pogona nullabor* (Nullabor-B.), *Pogona minima* (Kleine o. Westliche B), *Pogona microlepidota* (Kleinschuppige o. Kimberley-B.).

Streifenköpfige Bartagame *(P. vitticeps)*

Häufigste Bartagamenart in der Terraristik. Robuster und einfacher nachzuzüchten als die Östliche Bartagame. Zum tropischen und subtropischen Lebensraum zählen weite Areale der Bundesstaaten Queensland, Northern Territory, South Australia und New South Wales. Heimat-Vegetation geprägt von primär trockenen Graslandschaften und busch- und baumbestandenen Gebieten. Gesamtlänge bis zu 60 cm. Farbgebung variierend von braun-grau-schwarz mit Farbeinschlägen über gelb-orange bis rot: Beste Anpassung an die jeweils lokal vorhandene Sandfarbe. Gut erkennbares rautenförmiges Rückenmuster. Heller Bauch mit Ocellenzeichnung. Kopf dreieckig, an der Hinterseite eine Reihe Körnerschuppen. Stachelreihe an der Längsseite des Körpers zwischen reliefartigen Rücken- und flacheren, kleineren Bauchschuppen. Trommelfell oval, Maulschleimhaut rosa. Selektive Zucht von natürlichen Farbmutationen erbrachte farbenprächtige Morphen.

Östliche Bartagame
(P. barbata)

Primär an der Ostküste Australiens beheimatet, vornehmlich in lichtem Wald- und Buschland. Gesamtlänge bis zu 65 cm, wirkt aber graziler als *P. vitticeps*. Färbung weniger facettenreich und auf dunklen Grauton mit markanter Rückenzeichnung beschränkt: ein helles Rautenmuster. Kopf länglicher, Bart und Hinterkopf mit ausgeprägteren Stachelschuppen. Vier Stachelschuppenreihen in der Flankengegend. Auffallender dunkler Streifen zwischen Augen und dreieckigen Ohröffnungen. Rechteckige Form des aufgestellten Bartes im Vergleich zum rundlicheren Bart der *P. vitticeps*. Deutlich gelbe Maulschleimhaut.

Die rundlichen hellen Flecken auf dem Rücken und eine nur schwach ausgeprägte Kehltasche sind Merkmale der *P. henrylawsoni*.

Die *P. vitticeps* gibt es schon in vielen Farbvarianten.

Lawsons (Zwerg-) Bartagame
(P. henrylawsoni)

Mit Gräsern und Sträuchern bewachsenes halbwüstenartiges Verbreitungsgebiet auf den Schwarzerdeböden des westlichen, zentralen Queensland. Wirkt kompakter mit kräftigeren, kurzen Beinen. Kürzerer Kopf wirkt gedrungen, rundlich, nur geringfügig bestachelt. Bart weniger beeindruckend ausgeprägt, nur eingeschränkt aufstellbar. Gelbliche Maulschleimhaut wie *P. barbata*. Graubraune Färbung kann orangerote oder braune Farbnuancen enthalten – allerdings nicht so intensiv wie *P. vitticeps*. Rautenmuster nicht vorhanden, dafür helle, kreisförmige bis fleckenartige Abzeichen, die aber auch fehlen können. Mit 30 cm Gesamtlänge (12–15 cm KRL) die kleinste Bartagamenart. In den frühen 1980ern in die USA importiert, zuerst als Rankins-Drachen bzw. *Amphibolurus rankini* bezeichnet. 1985 als *P. henrylawsoni* umbenannt nach dem Dichter Henry Lawson. Gebietsweise wird Bezeichnung *P. brevis* verwendet. Anfänglich Diskussionen über Inzuchtprobleme, mittlerweile sollten genügend Blutlinien zur Verfügung stehen.

Anatomie der *P. vitticeps*

Kehltasche

Pogona leitet sich von dem griechischen Wort „Bart" ab. Diesen Namen haben die Tiere ihrer Eigenschaft zu verdanken, dass sie mit Hilfe des Zungenbeinapparates ihre Kehle, den schwarz verfärbten bestachelten Bart aufstellen können. Dies geschieht während der Paarungszeit oder um sich bzw. das Territorium zu verteidigen. Bei Gefahr wird sich dann zusätzlich aufgerichtet und das Maul bedrohlich weit aufgerissen. Männchen färben mitunter den Bart intensiver als Weibchen.

Drachenkopf

Der Kopf ist breit, beschuppt und dreieckig. Die Stacheln am Hinterkopf ziehen in einem halbkreisförmigen, zum Maul hin geöffneten Bogen hinter dem Trommelfell bis zur Kehle. Auf dem Kopf befindet sich mittig eine Schuppe, das lichtsensitive **Parietalorgan** bzw. -auge. Optische Reize werden von den dort befindlichen Nerven zum im Schädel liegenden Pinealorgan weitergeleitet, verarbeitet und es hilft vermutlich, die Verweildauer im Sonnenlicht zu regulieren.

Mit den im Ober- und Unterkiefer befindlichen kleinen, dreieckigen, spitzen **Zähnen** wird Nahrung gepackt, gehalten und grob zerkleinert. Die Zähne stehen sehr eng aneinander auf der Oberkante des Kiefers. Diese Zahnstellung nennt sich akrodont. Nur die vorderen Zähne können bei Verlust nachwachsen. Besonders mit zunehmendem Alter können durch herausbrechende Zähne Lücken entstehen.

Die dicke, klebrige, an der Spitze gespaltene **Zunge** hilft bei der Nahrungsaufnahme. Hierbei wird die Zungenspitze nach unten geklappt , um die Angriffsfläche und damit die Haftung des Futters an der Zunge zu erhöhen. Mittels der Zunge werden außerdem

Der Pfeil markiert die lichtsensible Parietalschuppe.

Nähert sich ein Feind, spreizt die Agame den Bart und reißt das Maul auf.

Die Iris durchzieht oft ein gut sichtbares Blutgefäß.

Info Steckbrief der *P. vitticeps*

Artenschutz: Kein Schutzstatus.
Lebensraum: Busch- und baumbestandene Wüsten, Halbwüsten, Steppen.
Größe: Gesamtlänge ca. 45–60 cm Kopf-Rumpf-Länge ca.25 cm.
Körpermasse (adult): Je nach Alter, Größe, Geschlecht und Ernährungszustand etwa 300–500 g.
Geschlechtsreife: Mit 8–12 Monaten, größenabhängig. Zuchtreife ab 24 Monate.
Fortpflanzung: Eierlegend (4–31 Eier, durchschnittlich 20 Eier pro Gelege).
Alter: ca. 10–15 Jahre (im Terrarium).
Temperatur: Tagsüber 20–30 °C plus lokaler Spot: 45 °C. Nachts 15–20 °C, minimal 10 °C. Winterruhe: 18–20 °C, optimal 15 °C.
Licht: Sehr helle Grundbeleuchtung plus UV-B-Strahler.
Luftfeuchte: tags 40 %, nachts 60 %.
Terrariengröße: 150 × 80 × 80 cm (Länge × Breite × Höhe).
Lebensweise: Tagaktiv. Bodenlebend, klettert gern auf erhöhte Sitzpositionen.
Ernährung: Omnivor. Jungtiere vorwiegend karnivor, Erwachsene tendenziell herbivor.

Gerüche bzw. Duftstoffe über das im Gaumen befindliche Vomeronasalorgan (Jacobson-Organ) aufgenommen. So können sich Bartagamen, ähnlich wie Schlangen, beispielsweise mit einer neuen Umgebung oder den Geschlechtspartnern vertraut machen und Futter analysieren. Die Maulschleimhaut ist normal rosa, kann aber auch gelb verfärbt sein.
Geräusche, v. a. primär niedrige Tonfrequenzen, werden durch Schwingungen des seitlich am Kopf befindlichen großen, ovalen, unbeschuppten **Trommelfells** wahrgenommen, und an die dahinterliegenden Gehörknöchelchen weitergeleitet.
Am stärksten ist jedoch das Sehen ausgeprägt. Mit ihren großen wachen **Augen** reagieren die Tiere auf noch so unscheinbare Bewegungen und auch auf farbliche Unterschiede ihrer Beute. Das Farbsehen ist auch für die innerartliche Kommunikation/Interaktion von Bedeutung. So werden die verschiedenen Körperfärbungen, die sich je nach Stimmungslage und Geschlecht unterschiedlich stark ausprägen, erkannt und gedeutet. Da die Augen seitlich liegen, ist das Sichtfeld vor dem Maul eingeschränkt, ermöglicht aber einen guten Rundumblick. Zum Schutz der Augen kann ein drittes Augenlid geschlossen werden. Die Iris ist meistens braun-golden gefärbt und von einem gut sichtbaren Blutgefäß durchzogen. Sitzen die Tiere mit leicht geöffnetem Maul unter der Wärmequelle oder in kühleren Terrarienbereichen, wird die **Maulschleimhaut** zur Thermoregulation (Erwärmung oder Abkühlung per Verdunstungskälte) genutzt.

Ein stämmiger Körper

Typisch für Bartagamen und zugleich wichtiges Unterscheidungsmerkmal zwischen den Arten ist die weiche Körper- und Kopfbestachelung sowie die unterschiedliche Anordnung und Ausprägung der Schuppen. Am Körper verlaufen die Stacheln in einer Linie seitlich am Übergang vom Rücken zum Bauch bis zum Schwanzansatz. Die am ganzen Körper vorkommenden Schuppen sind unregelmäßig groß und geformt. Die Haut auf dem Rücken ist rau und trocken. Die Schuppen sind reliefartig erhaben.

Auf dem Rücken ist eine Rautenzeichnung erkennbar. Am Bauch, der ein Ocellenmuster trägt, fühlt sich das Schuppenkleid glatter und weicher an. Ein sehr dicker Bauch kann auf Fettleibigkeit hinweisen, da sich im Bauch dann zwei übergroße Fettkörper befinden. Der Rumpf kann zur Verbesserung der Wärmeaufnahme oder zur Kommunikation mit Artgenossen abgeflacht werden. Dies geschieht durch das seitliche Abspreizen der Rippen.

Ausscheidung

Die saubere Kloakenöffnung kann beim männlichen Tier etwas größer sein. In die Kloake münden der Enddarm und die Öffnungen der Harnwe-

Zur Futteraufnahme wird die Zungenspitze nach unten eingerollt.

ge. Kot (bräunlich-grün) und Urin bzw. Harnsäure (weiß, fest-pastös) werden somit zusammen ausgeschieden. Beim Weibchen werden auch die Eier aus dem Legedarm über die Kloake ausgeschieden. Vor der Kloake befinden sich die beim männlichen Tier deutlicher ausgeprägten Präanalporen (Afterporen, s. S. 57). Da die Präanalporen und die Femoralporen eine durchgehende Porenreihe bilden, werden sie zusammen als Präanofemoraldrüsen bezeichnet.

Gut zu Fuß

Bartagamen besitzen vier kurze, stämmige Beinchen mit jeweils fünf bekrallten Zehen. Auch diese können nach Verletzungen nicht nachwachsen. Männliche Tiere besitzen stärker ausgeprägte Femoralporen (Schenkelporen) an den Innenseiten der Oberschenkel als Weibchen. Diese dienen der Duftstoffproduktion (Pheromonen) zur Paarungszeit. Mit den Vorderbeinchen kann als Beschwichtigungsgeste „gewunken“ werden. Diese kreisförmige Armbewegung mit abgespreizten Zehen sorgt für Harmonie in der Gruppe.

Schwanz

Agamen können nicht wie Eidechsen den Schwanz abwerfen. Nach einer Beißerei oder einem Abriss kann dieser somit auch nicht nachwachsen. Der lange, spitz auslaufende Schwanz dient der Interaktion unter den Artgenossen und als Fettspeicher. Zu gut ernährte Tiere besitzen eine dicke Schwanzbasis. Ein aufgerichteter Schwanz steht für Anspannung bei der Jagd nach Insekten oder bei der Begegnung mit anderen Bartagamen.
Oft wird parallel zur Schwarzfärbung der Kehle auch die Schwanzspitze deutlich verdunkelt.

Das dritte Augenlid wird geschlossen, um das Auge z. B. während des Fressens zu schützen.

Als Fluchttiere haben Bartagamen ständig die Umgebung im Blick.

Farbvariationen und Zeichnungen

Die natürlich vorkommende Farbvielfalt der *Pogona vitticeps* machte es möglich, die Farben durch selektive Zucht zu intensivieren. Neben den ursprünglichen, wildfarbenen bräunlich-grauen, teilweise leicht rötlich-orangen und gelben Bartagamen weist der internationale Markt seit einigen Jahren immer neuere, intensive Farbvariationen auf. Die Zucht zielte vor allem auf Reduzierung des Melaningehaltes, des natürlichen schwarzen Farbpigmentes in der Haut ab, um klare Farbtöne zu erhalten. Da jeder Züchter seinen Nachzuchten eigene Bezeichnungen gibt, kursieren jede Menge Farbnamen und die daraus resultierenden Namenskombinationen. Hier werden die populärsten Farbbezeichnungen kurz aufgeführt.
Die Mode-Bartagamen liegen übrigens voll im Trend. Allerdings sollte dieser Entwicklung skeptisch entgegengesehen werden. Das für die Farbzucht betriebene Wiederverpaaren von Familienmitgliedern, also Inzest, fördert die Entwicklung von Missbildungen und immunschwachen Tieren. Besonders die melaninreduzierten oder schuppenlosen Tiere sind sehr krankheitsanfällig. Zudem reagieren sie vermutlich sehr sensibel auf das für die Gesundheit notwendige UV-Licht, welches ungefiltert bis zu den Organen vordringen und somit auf Dauer großen Schaden anrichten kann. Da aber der für die Wärmeresorption nötige Schwarzanteil in der Haut fehlt, halten sich diese Tiere besonders gern und oft unter den Wärmequellen auf, was den Zeitfaktor für die UV-Licht-Exposition zusätzlich erhöht. Ein nicht zu unterschätzender Faktor ist außerdem, dass die Kommunikation unter den Artgenossen durch die verminderte oder fehlende Körperfärbung erschwert wird.

Blood-Weibchen von der Sandfire Dragon Ranch, Kalifornien.

Blood

Sehr dunkelrote bis rotbraune Farbe (Sandfire Dragon Ranch).

Sandfire ™Dragon

Tiere leuchten in kräftig hellem Rotorange mit gelblichen Nuancen. Mit zwei Jahren haben sie nach Aussage von Züchter R. Mailloux ihre volle Farbpracht. Mittlerweile ist diese Farbform als Warenzeichen (Trademark) eingetragen. Nur die Tiere dürfen so bezeichnet werden, die eine direkte Nachzucht von originalen Sandfire-Eltern von der Sandfire Dragon Ranch sind. Jeder Käufer einer Sandfire-Bartagame sollte sich die Abstammungsurkunde der Elterntiere zeigen lassen.

Info Zur Farbgebung

- Jungtiere entwickeln erst im Laufe ihres Wachstums die endgültige Farbgebung, die sich mit jeder Häutung intensiviert. Jungtiere schauen oftmals noch ziemlich unspektakulär aus. Mit jeder Häutung kann sich der Farbton auch bei ausgewachsenen Tieren noch verändern.
- Oft sind die Männchen farbenprächtiger als die Weibchen. Für eine intensive Färbung sorgt v. a. ein langer Aufenthalt im natürlichen Sonnenlicht.
- Die aktuelle Farbgebung hängt von einigen Faktoren ab, wie zum Beispiel der Stimmungslage und der Körpertemperatur.
- Die schönste Farbpracht entfaltet sich nach einem Bad und dem Aufheizen unter der Wärmelampe oder aber auch durch Aufregung bei der Jagd.
- Mit zunehmendem Alter lässt die Farbintensität wieder nach.

Ein Sandfiremännchen von der Sandfire Dragon Ranch, Kalifornien.

Ein prächtiges Sunburst-Männchen im Alter von ca. anderthalb Jahren.

Chris Allen Red

Dunkelrote bis magenta (pink) wirkende Zucht des Amerikaners Chris Allen. Andere rote Farbbezeichnungen: Salmon (Sandfire Dragon Ranch), Redflame, Red/Gold (Sandfire Dragon Ranch).

Sunburst

Gelborange mit leichten Rotanteilen (Sandfire Dragon Ranch).

Citrus

Intensive zitronenartige Gelbfärbung (Fire And Ice Dragons). Diese Bartagamen haben kaum noch bzw. die 100 % Citrus-Tiere gar keine Schwarzanteile mehr. Die Krallen sind hell.

Albinos

Bisher keine erfolgreichen Zuchten. Diese weißen, rotäugigen Tiere sind äußerst seltene Mutationen, sehr anfällig und erreichen kein zeugungsfähiges Alter. Melanozyten sind zwar vorhanden, bilden aber kein Melanin.

Snow-Weibchen Jungtier von der Sandfire Dragon Ranch.

Die Färbung der Jungtiere intensiviert sich mit zunehmendem Alter.

Leucistische Tiere

Beschreibungen zufolge dürften Leuzisten makellos weiße Tiere mit bläulichen oder schwarzen Augen und klaren Krallen sein. Echte Leuzisten besitzen keine Melanozyten. Es wird darüber diskutiert, ob es diese Tiere wirklich gibt oder gab. Die heute als Leuzisten gehandelten Bartagamen sind weißgrau mit normalen Augen und werden von einigen Züchtern treffender als Mark- (Marketed) Leuzistische Tiere bzw. besser noch einfach als hypomelanistische Tiere bezeichnet.

Snow

Meist hellgrau bis weiß mit gelblich-orangenem Augenring, einer verwaschenen Zeichnung und dunklen Krallen. Hypomelanistische Tiere, eine Farbform von der Sandfire Dragon Ranch, hervorgebracht durch Kevin Dunne.

Pastell

Bezeichnung für sanfte, blasse Färbung. Diese kommt durch eine Melaninreduzierung zustande. Demzufolge sind pastellfarbene Bartagamen hypomelanistische Tiere in einem Pastellton.

Zeichnungsvarianten

Patternless: Bei diesen Exemplaren lässt sich kaum oder gar keine Zeichnung mehr erkennen.
Tiger: Musterung ähnlich einem Tiger: helle, über den Rücken verlaufende Querstreifen.
Stripped: Das Rückenmuster verläuft in Längsstreifen beidseits seitlich entlang der Wirbelsäule.

Weitere Bezeichnungen

Hypomelanistisch (Syn. Hypos): Tiere mit wenig natürlich vorkommendem Hautpigment (Melanin). Strahlen in klaren, hellen roten oder gelben Farben oder fast weiß bzw. hellgrau verwaschen. Ein „richtiger" oder 100%iger Hypomelanist besitzt klare Krallen. Individuen mit schwarzen Krallen tragen die entsprechenden Gene zwar, sind aber heterozygot. Je nach Grundfarbe oder spezieller Zuchtform werden sie dann als Hypo-Sunburst, Hypo-Orange, Hypo-Redflame, Hypotranslucent usw. bezeichnet.
Nominat: Bezieht sich auf die in der Natur vorkommende, wilde Bartagamenart. Oft wird ein Tier als „nominatgefärbt" bezeichnet, das ist fachlich

nicht korrekt. Ursprüngliche, farbliche Tiere (die aber nicht auf eine Farbzucht zurückgehen) werden besser als „normalgefärbt“ oder „Wildtyp“ angesprochen.

German Giant: Außergewöhnlich groß mit einer Länge bis zu 70 cm. Ursprung nicht bekannt, oft auf eine Kreuzung von *P. vitticeps* und *P. barbata* zurückgeführt. Derzeit keine Veröffentlichung über erfolgreiche Kreuzungen, wahrscheinlich handelt es sich lediglich um größere Tiere, die in Deutschland aus den ersten Zuchtpaaren gezüchtet wurden. Die ersten amerikanischen Nachzuchten waren deutlich kleiner. Nach VOSJOLI et al. (2001) wurden German Giants von einem Peter Weis in die USA eingeführt. Es handelte sich um sehr fruchtbare, temperamentvolle, aber auch etwas aggressivere Tiere. Diese Bartagame wurde in viele Linien eingekreuzt.

Hyperxanthisch: Mit intensiver Färbung und verminderter Rückenzeichnung. Typische Vertreter sind die „Sandfires“.

Leatherback: Typisch sind die deutlich kleineren Schuppen. Die Haut wirkt lederartig und weicher. Es gibt homo- (USA) und heterozygote (Italien) Tiere.

Silkback: Italienischen Ursprungs und völlig schuppen- und stachellos mit samtweicher Haut. Gelten als Problemtiere, sehr anfällig für UV-B-Licht, Wärme, Verletzungen und Häutungsprobleme.

Transluzent: Als Sensation des 21. Jahrhunderts gehandelt. Mit fast durchsichtiger Haut, es fehlt das weiße Pigment. Man erahnt die Organe im Bauch als dunkle Schatten. Mit zunehmendem Alter lässt Transparenz durch Dickerwerden der Haut nach. Augen sind tiefschwarz bis schwarzblau, Grundfärbung primär gräulich, braun. Sind die Augen nicht schwarz, werden die Tiere als Partial- (Hypo-) Transluzent bezeichnet.

Hypotransluzent: Kreuzung von hypomelanistischen und transluzenten Drachen. Durch vermindertes Melanin kommt die Transparenz noch intensiver zur Geltung. Es gibt Tiere in verschiedenen Farbnuancen, wie orangerot oder pastell.

Hypotransluzentes Jungtier im Alter von vier Monaten.

Dasselbe hypotransluzente Weibchen mit einem Jahr.

Hypomelanistische Tiere haben kaum Farbpigmente.

Lebensraum Terrarium

Ein Zuhause für Bartagamen

Das Terrarium ist vor allem anderen das artgerechte Zuhause für die Echsen, es soll aber auch den Halter ansprechen. Ziel ist es, die künstliche Bartagamenwelt so groß wie möglich und dabei artgerecht und naturnah zu gestalten. Einige wichtige Aspekte müssen im Vorfeld beachtet werden, damit sich die Tiere wohlfühlen, gesund bleiben und uns mit ihrem natürlichen Verhalten Freude bereiten.
Vor dem Kauf einer Bartagame sollte der Behälter für den Einzug bereitstehen und die optimalen Haltungstemperaturen aufweisen. In der Eingewöhnungszeit genügt ein spärlich eingerichtetes, kleineres Quarantäneterrarium (s. S. 92).

Standort des Terrariums

An erster Stelle muss der ideale Standort ausgewählt werden. Wichtige Kriterien für dessen Auswahl sollten vor allem die Lichtverhältnisse und die Temperatur im Zimmer sein.
Terrarien in Fensternähe geben den Tieren die Möglichkeit, sich am Rhythmus der Natur bezüglich der Tageslichtlänge zu orientieren. Die Vorbereitung auf die Winterruhe und die nachfolgende Paarungssaison wären dann natürlicher Art, da die meisten Tiere unabhängig von der Terrarienbeleuchtung auf den Stimulus der Natur reagieren. Durch das natürliche Tageslicht wird die Grundaktivität gesteigert. Als weiteren positiven Nebeneffekt hätte direktes Tageslicht die Einsparung einer ausgiebigen Grundbeleuchtung zur Folge, nicht aber den Einsatz einer guten UV-B-Lampe, da UV-B-Licht keine Fensterscheiben durchdringen kann.
Die Wahl des Fenster-Standortes ist abhängig von der Größe und der Art des Terrariums. Kleinere Terrarien oder solche ohne großflächige Lüftungsareale heizen sich innerhalb kürzester Zeit enorm auf. Nicht selten werden in den Sommermonaten hitzekollabierte Tiere vorgestellt, die es in Dachgeschosswohnungen ganztägig bei mehr als 40 °C aushalten mussten. Nicht auszudenken, wenn das Terrarium dann noch in der prallen Sonne auf der Fensterbank steht. Außerdem können sonnige Wintertage durch den vermehrten Lichteinfall und den Temperaturanstieg die Winterruhe vorzeitig beenden. Sinnvoll wäre in diesem Fall die Möglichkeit zur vorübergehenden Abdunklung des Raumes.
Nacht- und Wintertemperaturabsenkung ist bei den ausgewählten Räumlichkeiten ein wichtiger Punkt: Sind sie möglich, erspart das zu Beginn der Winterruhe die Suche nach einem geeigneten Ruheplatz und das Umräumen des Terrariums in ein kühleres Zimmer.
Ein ruhiger, aber dennoch familienintegrierter Standort ist grundlegend für das Wohlbefinden der Bartagamen. Ein Durchgangszimmer, aufdringliche Haustiere, die als Angreifer empfunden werden können, oder an die Scheibe klopfende Kleinkinder wären auf Dauer eine Zumutung. Allerdings halten

viele Bartagamenbesitzer zusätzlich eine Katze oder einen Hund, die von den Drachen dann einfach toleriert werden. Da sich Bartagamen v. a. vor Feinden „von oben“ schützen müssen, empfiehlt es sich, das Terrarium auf einem erhöhten Standort aufzustellen. So wird ein Sich-Nähern an das Terrarium nicht direkt als Angriff gewertet.

Ein Sichtschutz, falls mehrere Terrarien aufgestellt werden, verhindert Stress. Denn Bartagamen verhalten sich territorial und reagieren während der Paarungszeit auf jegliche Bewegungsreize oder Schemen möglicher Artgenossen. Auch Spiegelbilder in Fensterscheiben sind zu berücksichtigen. Als Sichtschutz können Klebefolien, Rück- und Seitenwände aus Kork, Styropor oder auch ein dichter Pflanzenbewuchs

Ein erhöhter Standort des Terrariums reduziert den Fluchttrieb.

genutzt werden. Denkbar ungünstige Standortvarianten wären Zimmer mit hoher Geruchsbelästigung, wie Raucherzimmer oder aber eine Unterbringung in der Küche. Stress auslösend sind außerdem laute Lautsprecher in unmittelbarer Nähe des Terrariums, da vor allem tiefe Frequenzen, wie Bässe, sehr gut wahrgenommen werden.

Ein naturnahes Terrarium ist ein exotischer Blickfang im Wohnzimmer.

Terrarienarten

Terrarien aus Glas

Haben den Vorteil, dass sie durch ihre widerstandsfähige, glatte Oberfläche leicht zu säubern und zu desinfizieren sind. Sie eignen sich daher auch sehr gut als Quarantänebecken. Um dem Tier ausreichend Sichtschutz zu gewährleisten, sollten mindestens zwei Glasflächen vollständig bedeckt werden. Rück- und Seitenwände können nach individuellen Wünschen eingebaut und mit echten oder künstlichen Pflanzen optisch aufgewertet werden. Günstig ist es, wenn sich die Wände zum Säubern wieder herausnehmen lassen. Bei fehlender Wanddekoration können die Spiegelbilder an den Scheiben irritieren und die Bartagamen zum „Fensterlaufen" veranlassen. Ein Nachteil von Glasterrarien ist unter anderem die schlechtere Dämmwirkung. In der kühleren Jahreszeit kann es nötig sein, zusätzliche Wärmelampen zu installieren. Bevorzugt werden Schiebetüren verwendet, auch wenn der Sand in den Führungsleisten manchen Terrarianer zur Verzweiflung bringt. Abhilfe bringen Staubsauger und Pinsel. Der Sand sollte daher nicht bis knapp unter die Schiebetüren gefüllt werden, und unter den Türen sollte im Falle einer Terrariumeigenkonstruktion ausreichend Platz für den Bodengrund eingeplant werden. Der Vorteil von Schwingtüren ist der uneingeschränkte Zugang in das Terrarium und an die Innenscheiben im Rahmen der Reinigung.

Eine Zuchtanlage für adulte Tiere und ihren Nachwuchs.

Plexiglas und Pressspan

Diese sind durch ihre geringe Masse sicher handlicher im Umgang. Allerdings zerkratzen die Scheiben schnell und verlieren durch die Reinigung und Desinfektionsmittel auf Dauer an Transparenz. Bei starker Erwärmung können sich PVC-Platten verbiegen. In der Nähe von heißen Glühlampen ist Kunststoff nicht empfehlenswert!
Die Verwendung von Holz- bzw Pressspanplatten ist einerseits preiswert und nach einer Verkleidung der Frontansicht und dem Einbau von Rück- und Seitenwänden sogar recht ansehnlich. Das relativ sperrige Terrarium lässt sich allerdings nur schwer einer gründlichen Gesamtreinigung und Desinfektion unterziehen. In einem Wüstenterrarium spielt Feuchtigkeit zwar nur eine untergeordnete Rolle, kommt es aber in Ecken und Höhlen zu Staunässe, führt dies zu Schimmel und Bakterienwachstum. Ein feuchtigkeitsresistenter Anstrich ist empfehlenswert.

Zimmerterrarien

Wer seinen Bartagamen ein eigenes Zimmer zur Verfügung stellen möchte, sollte berücksichtigen, dass die optimalen Bedingungen, bezüglich der Temperatur, des Lichtes bzw. der Luftfeuchte, nur mit größerem technischem und finanziellem Aufwand realisierbar sind. Geeignet sind zugfreie Zimmer mit großen Fensterflächen für einen natürlichen Lichteinfall. Das erspart zumindest die aufwendige Grundbeleuchtung, die für das Großraumterrarium nötig wäre. Die Einrichtung erfolgt gemäß den üblichen Empfehlungen. Gut durchgeplant bietet ein Zimmer ein höheres Maß an Bewegungsfreiheit, das die Tiere zu schätzen wissen.

Terrarien aus Pressspanplatten lassen sich mit einigen Handgriffen zu ansehnlichen Biotopen herrichten.

Freilandterrarien

Sind in den Sommermonaten das Beste für die Sonnenanbeter. Das natürliche Licht hat nicht nur positive Auswirkungen auf die Gesundheit und das Wohlbefinden der Tiere, sondern wirkt sich zudem auch auf eine intensivere Farbgebung und den Zuchterfolg aus. Als Freigehege für einzelne Tiere eignen sich beispielsweise engmaschige Kleintierkäfige oder ausreichend große Frühbeetkästen, die regelmäßig an verschiedene Orte im Garten umgesetzt werden können. Um ein Entweichen zu vermeiden, muss unbedingt sichergestellt werden, dass die Bartagame nicht durch die Gitterstäbe oder durch Lücken an der Unterseite hindurchpasst, da die Drachen in der Lage sind, ihren Körper extrem abzuflachen.

Werden Kleintierkäfige als Außengehege genutzt, dürfen die Bartagamen nicht durch die Gitterstäbe passen!

Ein Flexarium ist zwar ausbruchsicher, bietet aber keinen selbstständigen Zugriff auf das Gartengrün.

Flexarien

Das Flexarium ist am ausbruchssichersten. Flexarien sind unterschiedlich große vollständig mit Netz umspannte, leichte Terrarien, die sich unproblematisch transportieren sowie auf- und abbauen lassen.

Ein großes Freilandterrarium bietet ausreichend UV-B-Licht sowie Grünpflanzen und Insekten zur Selbstbedienung.

Freigehege selbst bauen

Beim Bau des eigenen Freigeheges wurden transparente Wellplatten aus Kunststoff als Einzäunung benutzt. Eine sichtundurchlässige Umrandung ist aber vorteilhafter. Damit wird zum einen das Kratzen an den Wänden vermieden, und die Tiere fühlen sich geschützter. Etwa 50 cm wurde der Zaun in die Erde eingelassen, um ein Untergraben zu verhindern. Die glatte Oberfläche im Inneren der 60 cm hohen Umzäunung hindert die Tiere am Hochklettern. Um Nachbars Katze oder Greifvögel abhalten zu können, wurde ein Vogelnetz über das Gehege gespannt und an den unteren Enden im Boden mittels Metallhaken fixiert.

Im Freigehege sollte die Sonne den ganzen Tag über für lokale Aufwärmareale von etwa 45 bis 50 °C sorgen können. Andernfalls kann ein kleines Gewächshaus aufgestellt oder ein Lampenspot angebracht werden, um den Tieren bei länger anhaltenden frischen Temperaturen die Möglichkeit zur Aufwärmung bieten zu können. Von der Sonne aufgeheizte Lavasteine werden gerne als indirekte Wärmequelle genutzt. Ebenso wichtig sind genügend Schattenplätze, die für Abkühlung an heißen Tagen sorgen, eine Höhle, die vor Regen schützt, und eine flache Wasserschüssel für etwaiges Badevergnügen. Im eingezäunten Areal wachsen Wiesenkräuter, wie Löwenzahn, Spitzwegerich, Klee, Gänseblümchen, Wicken und Vogelmiere. Zusätzlich können diverse Gartenkräuter, wie Kapuzinerkresse, Petersilie, Beerenstauden und -sträucher usw. angesät werden.

Je nach Insektenvorkommen und dessen Aufnahme durch die Bartagamen sollte zugefüttert werden. Manche Tiere, die auf die zubereitete Salatschüssel konditioniert sind und sich deshalb

Praxis **Entflohene Bartagame**

Ist doch einmal ein Tier davongelaufen, sollte vorerst Meter für Meter in Ruhe abgesucht werden. Es ist sehr schwierig, die gut getarnte Bartagame im Blumenbeet oder zwischen dem Geäst eines Strauches zu erkennen. In der Regel bleiben die Tiere im näheren Umkreis – ihrem nun auserkorenen Revier. Auf eine mehrtägige Suche sollte man sich allerdings einstellen. Tagsüber werden alle sonnigen Stellen abgesucht. Dabei dürfen auch die Baumstämme nicht vergessen werden. Am späten Nachmittag sitzen die entflohenen Bartagamen gerne auf der asphaltierten Straße oder auf dunklen Steinen. Auch unmittelbare Nachbarn sollten in Kenntnis gesetzt werden. Günstig ist es, wenn ein Foto vom Tier gezeigt werden kann, da viele Menschen eine Bartagame nicht ohne Weiteres zuordnen können.

nicht selbstständig abwechslungsreich am Gartengrün bedienen, benötigen auch im Freien ihren Mischsalat.
Sinken die Nachttemperaturen nicht deutlich unter 10 °C können die Bartagamen in einem ausreichend großen Gehege mit Versteckmöglichkeiten (Höhlen, grabfähige Erde für ein Nachtquartier) auch im Freien übernachten. Viele Tiere legen sich gerne zum Schlafen in eine Erdkuhle ins hohe Gras. Die in der Nacht ansteigende Feuchtigkeit und der Morgentau sorgen für eine optimale Flüssigkeitszufuhr.
Da die Bedrohung schlafender Bartagamen durch nachtaktive Tiere, wie Marder, Katzen oder Füchse, nicht ganz auszuschließen ist, sollten allerdings weitere Sicherheitsvorkehrungen getroffen werden. Regelmäßig sind so gut wie möglich die Exkremente zu entfernen – am besten sollten auch die Steine fürs Sonnenbaden heiß abgewaschen werden.
Achtung: Im Freien verstärken sich die normalen Verhaltensweisen. Das ungewohnte Licht, Schatten, der Wind, sich bewegende Blätter, Vögel etc. aktivieren die Aufmerksamkeit und erhöhen die Reaktionsbereitschaft. Besonders auf einen sicheren Transport achten, da die Tiere, so sie einmal entkommen sind, sehr schnell durch die nächste Hecke davonlaufen können!

Ausreichend hohe Kunststoffkisten dienen der Nachzucht für gelegentliches Sonnenbaden am Fenster. Schattenplätze dürfen nicht fehlen.

Einrichtung & Zubehör

Im §2 des Tierschutzgesetzes wird dem Tierhalter nahegelegt: „Wer ein Tier hält, betreut oder zu betreuen hat, muss dieses seiner Art und seinen Bedürfnissen entsprechend angemessen ernähren, pflegen und verhaltensgerecht unterbringen; er darf die Möglichkeit des Tieres zu artgemäßer Bewegung nicht so einschränken, dass ihm Schmerzen oder vermeidbare Leiden oder Schäden zugefügt werden." Der Bund, das Bundesministerium für Ernährung, Landwirtschaft und Forsten, hat dazu ein Gutachten erstellen lassen, in denen Mindestanforderungen für diverse Reptilienarten angegeben werden. Diese können zur groben Orientierung genutzt werden.
Für ein Bartagamenpaar berechnet sich nach diesen Empfehlungen das Terrarien-Mindestmaß aus der Kopf-Rumpf-Länge (KRL) der Bartagame multipliziert mit den Faktoren 5 × 4 × 3 (Länge × Breite × Höhe). Für zwei 25 cm lange Bartagamen (Maß ohne Schwanzlänge) wäre eine Terrariengröße von mindestens 125 cm × 100 cm × 75 cm (Länge × Breite × Höhe) nötig. Für jedes weitere Tier sollte die Grundfläche um 15 % vergrößert werden. Für einen verantwortungsbewussten Pfleger sollte die Devise aber „Je größer, desto besser" lauten. Nur in einem großzügig gestalteten Terrarium können die unterschiedlich temperierten Klimazonen geschaffen und den Tieren genügend Ausweich- und Versteckmöglichkeiten angeboten werden. Ein großer Aktionsradius sorgt für ausreichend Kondition und beugt körperlicher Verfettung und damit Übergewicht und den daraus resultierenden Krankheiten vor. Besonders in Ausnahmesituationen, wie Krankheit, Fortpflanzung oder Zucht kann ein größeres Terrarium dann auch vorübergehend geteilt werden, um Tiere räumlich trennen zu können. Zudem verringert sich der Infektionsdruck, der durch Innen- und Außenparasiten besteht.
Erhöhte Sitzgelegenheiten werden sehr gerne genutzt. Aus diesem Grund empfiehlt sich eine Terrarienhöhe von mindestens einem Meter, um dicke Kletteräste unterzubringen. Ein weiterer Vorteil ist nun, dass leistungsstarke UV-B-Lampen, wie die Osram Vitalux Lampe (300 Watt) ohne Probleme in das Terrarium integriert werden können.

Wärme und Feuchtigkeit

Da die Regulation der Körpertemperatur wechselwarmer Echsen über die Umgebung erfolgt, muss im Terrarium ein Temperaturgefälle vorliegen. Neben 45 °C unter dem Spot und der etwa 30 °C warmen Lufttemperatur müssen auch kühlere Areale mit etwa 20–25 °C vorhanden sein. Bei stark schwankenden Temperaturen, v. a. in Fensternähe oder in Dachgeschosswohnungen, sollte ein Thermostat zur Temperaturregelung und -überwachung angebracht werden. Dieses reguliert automatisch die Wärmelampen und schützt somit vor einer Überhitzung. Tödliche Lufttemperaturen über 40 °C müssen unbedingt vermieden werden.

Tipp **Sprühen und Luftfeuchte**

Bei ausreichend belüfteten Terrarien sind nach dem Besprühen spätestens etwa nach 1,5 Stunden keine Wassertropfen mehr zu sehen. In schwierigen Fällen kann der Einbau eines Ventilators hilfreich sein.

Durch den Einsatz mehrerer Lampen und den tagsüber vorherrschenden hohen Temperaturen verdunstet relativ viel Flüssigkeit. Durch regelmäßiges Sprühen, v. a. in den Morgen- und Abendstunden, kann einer zu trockenen Haltung und den damit verbundenen Häutungsstörungen vorgebeugt werden. Am Tag genügen 40 % Luftfeuchte, nachts sind 60 % optimal. Ausreichend hohes, feuchtes Bodensubstrat sorgt für ein stabiles Mikroklima. Zumindest ein Teil des Bodengrundes sollte immer leicht feucht gehalten werden, da sich Bartagamen gerne eingraben und von der Bodenfeuchtigkeit gesundheitlich profitieren. Es darf aber keine Staunässe entstehen. Zu feuchte, warme Ecken bieten Pilzen und Bakterien eine optimale Vermehrungsgrundlage und fördern Atemwegserkrankungen. Wer es ganz exakt mag, kann eine Verneblungs- oder Beregnungsanlage installieren, die durch einen Hygrostaten gesteuert wird.
Um Nässe-, Wärme- und Stickluftstau zu vermeiden, sollten Belüftungsöffnungen so angebracht sein, dass eine gute Luftzirkulation gewährleistet ist. Aquarien eignen sich nicht für die Haltung von Bartagamen! In der Regel befinden sich die Belüftungsöffnungen jeweils im unteren Terrariumbereich und an der Oberseite. Die Oberseite sollte mindestens zur Hälfte offen gehalten werden. An den unteren Seitenflächen oder der Frontfläche empfiehlt sich ein Lüftungsspalt von etwa 5–10 cm zwischen dem eingefüllten Bodensubstrat und den Türen. Im Terrarienzimmer ist für ausreichend Frischluft und Sonnenschutz zu sorgen. Waagerecht eingebaute Lüftungsgitter laden zum Beklettern ein, dabei ist die Gefahr, dass hier Krallen hängenbleiben, höher als bei senkrecht angebrachten Gazen. Die Größe der Lüftungslöcher vom Lochblech sollte die Größe der Futtertiere berücksichtigen. Werden kleinere Insekten verfüttert, empfiehlt sich der Einsatz von Drahtgaze.

Rückwände

Am einfachsten in der Handhabung und am preiswertesten sind Klebefolien, die an den Scheiben angebracht werden. Weitaus attraktiver wirken allerdings kreativ gestaltete, naturnahe Rückwände, die dem künstlichen Lebensraum ein besonderes Flair verleihen und den Tieren zusätzlich Kletter- und Liegemöglichkeit bieten.
Viele Halter nutzen Fertigrückwände, die mittlerweile in zahlreichen Variationen im Handel erhältlich sind. Vorteilhaft ist, dass sie leicht einzusetzen und bei Bedarf wieder herausnehmbar sind, denn Kotreste auf an der Rückwand fixierten Felsvorsprüngen lassen sich nur umständlich entfernen. Das Herausnehmen der Rückwand ist besonders bei Milben- oder starkem Endoparasitenbefall von hygienischer

Bedeutung, ebenso lassen sich hinter den Wänden versteckte Insekten besser wieder einfangen. Wer es individueller mag, schneidet und klebt treppenartig aufgeschichtete Styroporplatten zurecht. Diese werden mehrschichtig mit Fliesenkleber bestrichen und darauf wird Sand aufgebracht. Alternativ bietet sich eine Epoxydharzbeschichtung oder das Aufbringen von Beton an. Fugen werden mit Silikon auf Essigsäurebasis verstrichen. Anleitungen zum Bau solcher origineller Rückwände finden sich detailgetreu und bebildert in Fachbüchern über Terrariengestaltung oder im Internet.
Primär ist auf die Verwendung giftfreier Materialien ohne Chemierückstände zu achten. Die Rückwand muss Feuchtigkeit ertragen können, um Schimmelbildung zu vermeiden.

Fressnapf, Bade- und Trinkschale

Am praktischsten sind der Tiergröße angepasste Schalen aus widerstandsfähigem Material, die zur täglichen Reinigung auch hohen Temperaturen und Desinfektionsmitteln ausgesetzt werden können. Empfehlenswert sind einfache flache glasierte Tonuntersetzer aus dem Gartenmarkt. Aber auch der Zoohandel bietet eine große Auswahl. In der Badeschale sollte das Tier ausreichend Platz haben, um sich drehen zu können. Das etwa 25 °C warme Wasser wird maximal so weit aufgefüllt, dass die Bartagame ohne Anstrengung Kopf und Hals über Wasser halten kann. Häufig wird das Wasser in einer Schale nicht erkannt. Tiere, die nicht selbstständig an die Wasserstelle gehen, können vorsichtig in das Wasser hineingesetzt werden, wodurch die Wasseraufnahme gefördert wird. Die meisten Bartagamen bedienen sich allerdings ausreichend am Restwasser, das durch das Sprühen entsteht. Fließendes Wasser kann einen Anreiz zur selbstständigen Wasseraufnahme geben. Brunnen müssen aber täglich gründlich gereinigt werden, da sie eine optimale Vermehrungsstätte für Bakterien darstellen und schnell veralgen.

Aufmerksam beobachten Bartagamen alles, was im Terrarium geschieht.

Alles zum Klettern & Verstecken

Für unsere Ansitzjäger und Sonnenanbeter sind Klettermöglichkeiten in unterschiedlichen Höhen und unter den Wärme- bzw. UV-B-Spots unentbehrlich. Obstbaumzweige eignen sich hervorragend, sie können vor dem Einbau mit heißem Wasser abgewaschen bzw. im Ofen erhitzt werden. Korkäste und -röhren sind sehr leicht und attraktiv, aber durch ihre unebene Oberfläche schwer zu säubern. Zudem verstecken sich gerne entflohene Futtertiere in den Zwischenräumen der Rinde. Während der Häutung erleichtern Äste oder Steine das Abstreifen der alten Hautfetzen. An rauen Steinen, wie Lavabrocken, nutzen sich zudem die Krallen beim Beklettern ab. Höhlen bieten Versteckmöglichkeiten. Bartagamen graben gerne unter Steinen Höhlen in den Sand, um sich zu verstecken. Die Steine dürfen in diesem Fall dem entfernten Sand nicht nachgeben und auf das Tier fallen. Auch die Kletteräste sind einsturzsicher anzubringen.

Fehlen erhöhte Sitzgelegenheiten, muss schon mal ein Mitbewohner herhalten ...

Heizsteine, Bodenheizung

Bodenheizungen oder Heizsteine sollten nur zum Einsatz kommen, wenn mit den Lichtspots nicht für genügend Wärme gesorgt werden kann. Wärme wird von Bartagamen primär mit Licht in Verbindung gebracht. In der Natur sind Verbrennungen fast auszuschließen – das Aufsuchen warmer Plätze zum Aufwärmen aber ist lebensnotwendig.

Reptilien besitzen in der Bauchregion weniger Thermorezeptoren, die rechtzeitig vor Überhitzung warnen. Somit kann die von unten kommende Wärme durch Heizsteine im ungünstigsten Fall zu Verbrennungen (s. S. 105) führen, wenn sich die Tiere nachts in den Sand eingraben oder defekte Produkte zu hohe Temperaturen erzeugen.

Dazu trocknet der Boden von unten her aus. Gerade für die Nachtruhe suchen Bartagamen aber eine feuchte Kuhle auf – wichtig für eine reibungslos ablaufende Häutung. Empfehlenswerter sind dunkle Steine, die unter den Wärmespot platziert werden. Diese „Hot

Spots" heizen sich tagsüber auf und geben nach dem Abschalten der Beleuchtung noch Restwärme ab. Nachts werden keine Wärme produzierenden Elemente benötigt, da eine Nachtabsenkung auf etwa 15–20 °C sogar wünschenswert ist. Sollte sich der Einbau einer Bodenheizung nicht umgehen lassen, so sollte diese nur einen kleinen Teil der Gesamtbodenfläche bedecken, damit die Bartagamen Ausweichmöglichkeiten haben.

Bodengrund

Während der Quarantänezeit ist eine Haltung auf Zellstoff oder Zeitungspapier am hygienischsten. Dieser Untergrund ist täglich schnell auszutauschen, schaut aber auf Dauer optisch nicht sehr schön aus und bietet den Tieren keine Grabmöglichkeit. Nach der Eingewöhnungszeit und den negativ getesteten Kotproben können die gesunden Tiere auf einen natürlichen Untergrund gesetzt werden.
In Anlehnung an die Gegebenheiten im australischen Lebensraum empfiehlt sich primär der Einsatz von grabfähigem, lehmhaltigem Substrat. Die Auffüllhöhe sollte mindestens 5–10 cm betragen, da die Tiere gerne graben. Für die Eiablage sind mindestens 25 cm notwendig, um der lebensbedrohlichen Legenot (Kapitel Krankheiten) vorzubeugen. Im Handel werden spezielle Sandarten für Echsen angeboten, die mit dem ebenso erhältlichen Lehmpulver zu einem grabfähigen Untergrund gemischt werden können oder bereits einen Lehmanteil enthalten, der nach Anfeuchtung des Sandes zu einem stabilen Untergrund wird. Viele Bartagamenhalter nutzen den preiswerteren, fungizid- und duftstofffreien Spielsand. Dieser kann ebenfalls in einem Mischungsverhältnis von 1: 5–10 mit Lehmsubstrat/pulver angereichert werden. Alternativ lässt sich auch Lehmboden aus der Natur nutzen, der allerdings stärker zu einer Verfärbung des Schuppenkleides führen kann.
Immer wieder wird von der Haltung auf Sand abgeraten, da viele Bartagamen an einer Sandverstopfung leiden, die zum Tode führen kann. Allerdings bestätigen sich in den meisten Fällen grundlegende Fehler in der Haltung und Fütterung, die die Echsen zu einer gezielten Sandaufnahme verleiten.
Alle anderen Substrate, wie Holzspäne, Rindenmulch, Alfalfa-Pellets sind weniger empfehlenswert. Neben der fehlenden Grabmöglichkeit für das Tier fehlt dem Substrat die Fähigkeit, optimal Wärme zu speichern. Es kommt leichter zu Schimmelbildung, das Substrat verklebt schneller und es kann verschluckt werden, was aufgrund der Größe bedenklich sein kann.

Pflanzen

Eine Begrünung im Terrarium schaut nicht nur attraktiv aus, sondern bietet den Tieren auch Sichtschutz, Klettermöglichkeit und Schatten.
Als Begrünung eignen sich Pflanzen, die in das normale Nahrungsspektrum der Bartagamen passen. Echte Pflanzen haben den Vorteil, dass sie zusätzlich das Terrarienklima günstig beeinflus-

sen und sich die Tiere individuell daran bedienen können. Nach wenigen Stunden sehen die angefressenen Futterpflanzen aber nicht mehr schön aus und müssen daher ständig erneuert werden. Die meisten Kräuter sind sehr hitzeanfällig und sollten weit entfernt vom Spot platziert und regelmäßig gegossen werden. Damit die Pflanzen vor dem Beklettern geschützt sind, sollten sie besser etwas am Rand, außerhalb des Hauptaktionsradius der Bartagamen platziert werden. Gut eignen sich Golliwoog (*Callisia repens*), Petersilie, Basilikum oder Katzengras usw. Echte Kakteen gedeihen gut im Wüstenklima des Terrariums, können aber durch ihre langen, spitzen Stacheln zu Verletzungen führen, wenn die Tiere darauffallen. Oft werden Tilantsien, Aloe vera und Bromelien zur Dekoration benutzt. Diese werden in der Regel von Bartagamen verschont, wenn genügend Futter angeboten wird. Werden sie dennoch angefressen, besteht zumindest keine Gefahr für Bartagamen. Da Bartagamen gerne graben, empfiehlt es sich, die Pflanzen durch einen Blumentopf zu schützen. Als Alternative zu Pflanzen bietet sich im Handel ein breites Repertoire an künstlichen Kakteen und anderen Dekorationspflanzen an.

Praxis **Haltung auf Sandboden**

- Keinen lockeren Sand verwenden, damit der Untergrund trittfest ist.
- Auf abgerundete, „weiche" Sandkörner achten.
- Genügend Mineralstoffpulver über Futtertiere zufüttern und eine gut funktionierende UV-B-Lichtquelle verwenden – das sichert die Vitamin D3-Synthese und die Mineralstoffverwertung: Kein Mineralstoffbedarf – keine Sandaufnahme!
- Keinen Vogelsand nutzen, dieser enthält Grit und veranlasst die Bartagamen zur Aufnahme von Sand.
- Die Sepiastücke nicht direkt auf den Sand streuen und geraspelten Sepiaschulp ad libitum (nach eigenem Bedarf) anbieten.
- Insekten und Pflanzenkost aus einer Schüssel oder per Pinzette füttern.
- Kothäufchen umgehend mit einem Sieb entfernen.

Terrarienhygiene

Entfernen Sie täglich Kot- und Futterreste und spülen Sie Wasser- und Fressnapf unter heißem Wasser ab. Kotverschmutzte Äste, Höhlen und Felsvorsprünge sollten umgehend gereinigt werden. Kotverschmierte Tiere baden!

Sind z. B. Parasiten nachgewiesen, müssen die kontaminierten Gegenstände im Ofen erhitzt oder mit geeigneten Desinfektionsmitteln behandelt werden – diese müssen gründlich wieder abgespült werden. Tauschen Sie Bodengrund und Äste mindestens einmal im Jahr aus, um den Infektionsdruck zu vermindern. Bei mehreren Tieren empfiehlt sich dieser Vorgang in kürzeren Zeitabständen.

Auch im Freigehege sollte zumindest bei nachgewiesener parasitärer Erkrankung die obere Bodenschicht bis zu 2 cm abgetragen werden. Lampen und andere unzugängliche Bereiche regelmäßig von Staub befreien.

Beleuchtung

Die richtige Beleuchtung ist für die langfristige Gesundheit der Bartagamen von großer Bedeutung. Licht, Wärme und UV-B-Strahlung sind essentielle Faktoren, die das Leben einer Bartagame maßgeblich beeinflussen. Die Notwendigkeit einer intensiven und von der spektralen Lichtzusammensetzung optimalen Beleuchtung spiegelt sich in allen Lebenslagen wider. Sie beeinflusst die Bereitschaft zur Futteraufnahme, reguliert den hormonellen Zyklus und den Stoffwechsel oder beeinflusst die Ausprägung der Körperfärbung. Nur im „natürlichen" Licht kann die der innerartlichen Kommunikation dienende Körperfärbung und -musterung erkannt und gedeutet werden. Möglicherweise dient das Sehen aber auch der Unterscheidung der eigenen Art von anderen Arten und es ist behilflich bei der Futtersuche und -auswahl besonders nahrhafter Leckerbissen.
Vor der Anschaffung der Beleuchtungselemente sollte sich der Halter intensiv mit der Qualität der einzelnen Leuchtmittel, insbesondere aber mit dem Thema UV-B-Strahlung auseinandersetzen. Für den Anfänger in der Bartagamenhaltung ist es zu Beginn schwer, sich im Überangebot der Lampen im Handel zurechtzufinden, zumal oft noch Lampen mit uneindeutig oder sogar falschen Artikel- und Leistungsbeschreibungen angeboten werden. Häufig fehlen wichtige Angaben z. B. über die Intensität der UV-B-Strahlung und damit die Information über den Abstand, der zum Tier eingehalten werden muss.

Info — **Das richtige Licht**

Prinzipiell sind bei der Wahl der geeigneten Beleuchtung drei wichtige Aspekte zu beachten:

- **Grundausleuchtung für: Orientierung, Futteraufnahme, Vitalität, Tag-Nacht-Rhythmus, Fortpflanzung, Farbgebung, innerartliche Kommunikation.**
- **Wärmespots für: Stoffwechsel/Verdauung, Wärmeregulation.**
- **UV-Strahlung für: Kalziumstoffwechsel, Farbgebung, Vitalität.**

Eigenschaften des Lichts

Das für uns Menschen sichtbare Licht ist ein Bereich der elektromagnetischen Strahlung von etwa 400 bis 700 nm Wellenlänge.
Reptilien sind in der Lage, „Licht" durch verschiedene Organe zu erkennen und zu differenzieren: Neben dem wichtigsten Sinnesorgan, dem Auge, verfügen Bartagamen weiterhin über

Die richtige Beleuchtung ist grundlegend für die Gesundheit der Echsen.

ein lichtsensitives Parietalorgan, das „Parietalauge“ mittig auf dem Kopf, und sie registrieren Licht und Wärme durch die Haut. Um geeignete Lichtquellen für das Terrarium und seine lichtbedürftigen Bartagamen zu finden, sollte v. a. die Helligkeit, die Lichtfarbe sowie das Farbspektrum berücksichtigt werden.

Helligkeit: Bartagamen benötigen eine sehr große Lichtintensität, bedeutend mehr, als die, die wir Menschen für gewöhnlich als „hell“ bezeichnen würden. Nur bei ausreichender Beleuchtung entwickeln die Tiere ihre volle Farbenpracht und die notwendige Aktivität, um auf Futter- und Partnersuche zu gehen. Beim Lampenkauf orientiert sich der Käufer an der Beleuchtungsstärke (in Lux). Moderne UV-Metalldampflampen, wie die Bright Sun Desert 50 Watt, erreicht bereits in einem Abstand von 30 cm etwa 40.000 Lux. Obwohl gute Metalldampflampen zu den hellsten Lampen überhaupt gehören, erreichen sie auch bei einem relativ nahen Abstand (30 cm) nicht die Intensität der Sommersonne von rund 100.000 Lux. Je weiter sich das Tier von der Lampe entfernt, desto mehr Helligkeit wird eingebüßt. Durch geeignete Reflektoren kann die Lichtausbeute der Leuchtmittel um mindestens 40 % erhöht werden.

Lichtfarbe: Das von einer Lichtquelle abgestrahlte Licht besitzt eine Eigenfarbe. Diese Lichtfarbe wird bestimmt durch die Farbtemperatur und wird in Kelvin (K) gemessen.

Gemütlich gelblich wirkendes Licht einer Glühlampe für den Hausgebrauch besitzt eine tiefe Farbtemperatur um die 3.000 K, während für Reptilien geeignete Lichtquellen mit „Tageslichtweiß“ Werte über 5.300 K erreichen.

Farbspektrum: Tageslicht-Lampen können sich hinsichtlich ihres Farbspektrums enorm unterscheiden. Eine für uns Menschen gefertigte Tageslicht liefernde Lichtquelle aus dem Baumarkt kann für Reptilien völlig ungeeignet sein. Bei Kauf sollten daher reptiliengeeignete Lampen mit einem breiten Lichtspektrum, dem sogenannten „Vollspektrum“, bevorzugt werden. Auch wenn die Bezeichnung Vollspektrum anderes vermuten lässt, so kann das Sonnenlichtspektrum von diesen Lampen nur teilweise imitiert werden.

Beleuchtungsdauer: Etwa 12–13 Stunden täglich sollten die Lampen für Helligkeit und somit für einen natürlichen Tag-Nacht-Rhythmus sorgen. Wer sich an der Natur orientieren möchte, sorgt zusätzlich für kurze Dämmerungsphasen am Morgen und am Abend und für ein Temperatur- und UV-Lichtmaximum in der Mittagszeit. Durch Zeitschaltuhren, die jeweils zu bestimmten Tageszeiten die speziellen Lampen an- und abschalten, ist ein derartiger Rhythmus leicht umzusetzen.Im Herbst wird durch das Verkürzen der Beleuchtungsdauer ein Sommer-Winter-Rhythmus erzeugt, der einen wichtigen Stimulus für die Einleitung der Winterruhe und die daran anschließende Fortpflanzung darstellt (s. S. 64f.). Während der Winterruhe sorgt eine dezente Grundbeleuchtung für einen Tag-Nacht-Rhythmus, insofern die Tiere nicht in Fensternähe stehen. Diese Leuchtmittel sollten die Temperatur im Terrarium aber nicht maßgeblich anheben.

Das richtige Licht

Am sinnvollsten ist es, sich bei der Lampenmontage zuerst auf die Grundbeleuchtung zu konzentrieren, die das Terrarium ganzflächig erhellt. Dann folgt die Wahl der geeigneten UV-Lampen, die als Sonnenplätze oft gleichzeitig die benötigte Wärme produzieren. Am Anfang muss gelegentlich noch getestet werden, ob und welche zusätzlichen Spots für die Wärme dann noch benötigt werden, um auf dem Sonnenplatz 40–50 °C zu erzielen, und mit welcher Lampenkombination auch kühlere Ecken von etwa 25 °C und damit ein Temperaturgefälle erreicht werden. Lampen mit hoher Wärmeleistung sollen nur in hitzeresistenten Keramikfassungen betrieben werden. Die Lufttemperatur sollte bei etwa 25–30 °C liegen und darf bei Bartagamen, wie bei den allermeisten in heimischen Terrarien gepflegten Arten, nie längere Zeit über 40 °C steigen. Zwar wurden zum Beispiel in der Klimastation Windorah (MÜLLER, 1996) im australischen Sommer zwischen Oktober und Februar schon Maximalwerte über 40 °C gemessen, aber dort stehen den Tieren ganz andere Rückzugsmöglichkeiten zur Verfügung. Temperaturen unter 5 °C kommen im Verbreitungsgebiet nur als Extremwerte vor und sollten im Terrarium selbst im Winter nicht unterschritten werden. Eine Nachtabsenkung auf 15–20 °C, maximal bis 10 °C, ist von Vorteil. Durch diese natürlichen Temperaturschwankungen wird das Immunsystem trainiert und gestärkt. Die Tiere sind so weniger anfällig gegenüber Krankheiten.

Grundausleuchtung

Eine gute Grundausleuchtung gewährleistet eine gleichmäßige Lichtverteilung in allen Ecken des Terrariums. Hierfür eignen sich beispielsweise **T5-Leuchtstoffröhren** mit hoher Wattzahl. Sie sind die weiterentwickelten, dünneren Nachfolger der T8-Röhren. Für eine optimale Lichtausbeute empfiehlt sich der zusätzliche Einsatz von Reflektoren. Je mehr Röhren im Einsatz sind, desto effizienter ist die Lichtausbeute. Bei Leuchtstoffröhren, die zusätzlich UV-Strahlung abgeben, verringert sich neben der Lebensdauer auch automatisch die Leuchtkraft. Da die UV-B-Werte dieser Lampen nicht den Ansprüchen der Bartagamen gerecht werden, ist es sinnvoll, vorzugsweise die leistungsstärkeren T5-Röhren ohne UV-Strahlung zu nutzen und für eine separate, zuverlässige UV-B-Quelle zu sorgen. In kleineren Quarantäne- oder Aufzuchtterrarien können alternativ zu den Röhren auch Energiesparlampen eingesetzt werden.

Info Lampentechnik

Noch fehlen genaue Details über das Lichtempfinden der einzelnen Reptilienarten, sodass es nicht möglich ist, die perfekte Lampe zu produzieren. Sinnvoll ist es deshalb, primär Beleuchtungsmittel zu wählen, die sich an der Helligkeit und dem Farbspektrum des natürlichen Sonnenlichtes orientieren. Durch eine gezielte Kombination aus speziell für Reptilien hergestellten Lampen lässt sich zumindest ein guter Kompromiss erzielen.

Eine ausgewogene Beleuchtung und UV-Versorgung erhält die Echsen gesund.

Diese funktionieren ähnlich wie Leuchtstoffröhren (plus lange Lebensdauer), sorgen allerdings nicht für vergleichbar großräumige Lichtverteilung.
Bei sehr hohen Terrarien kann es notwendig sein, zusätzlich **Halogen-Metalldampflampen** (HQI, HCI, CDM-Brenner) einzusetzen, um ausreichend Helligkeit erzeugen zu können. Beim Kauf dieser Lampen muss auf die Farbton-Bezeichnung „Daylight – D" oder „Neutralweiß deluxe – ND" geachtet werden. Diese Leuchten besitzen eine gute Farbwiedergabe und ausreichend hohe Farbtemperaturwerte von 3000–6000 Kelvin. Da die Brenner auch UV-Strahlung abgeben, werden sie mit einem Schutzglas versehen, das nicht entfernt werden darf, da sonst auch die gefährliche UV-C-Strahlung frei wird. Die Vorläufermodelle, die Quecksilberdampflampen (HQL), sind mittlerweile technisch überholt.
Zusätzlich zur Grundausleuchtung sollten helle Lichtinseln geschaffen werden. Diese Sonnenplätze ergeben sich allerdings automatisch aus der Anordnung leistungsstarker Wärme- und UV-Spots. Ist eine zusätzliche Wärmeproduktion der Leuchtmittel unerwünscht, können **Kaltlicht-Halogenstrahler** montiert werden.

Wärmelampen

Als Wärmespot können alle vorrangig wärmeabgebenden Lampen, wie z. B. Glühlampen mit Reflektoren (z. B. PAR-Strahler, Baskingspots) oder Hochvolthalogenspots verwendet werden. Glühlampen haben eine schlechtere Lichtausbeute als Halogenlampen. Bei Niedervolt-Halogentechnik aus dem Baumarkt sollte beachtet werden, dass Lampen mit einem Kaltlichtreflektor Wärme nach hinten und nicht zum Tier hin abgeben. Sie eignen sich demzufolge weniger als Wärmeinsel. Spots beleuchten aufgrund ihres gebündelten Lichtstroms nur eine geringe Fläche. Je höher die Wattzahl, desto mehr Wärme erzeugen die Spots. Unter dem Spot sollten auf Höhe der Tiere 40 °C erreicht werden. Sitzt eine Bartagame permanent unter dem Wärmestrahler, könnte es sein, dass die Temperatur unter dem Spot zu niedrig ist. Da Bartagamen sehr viel Helligkeit benötigen, sollten die Wärmequellen sinnvollerweise zusätzlich für ausreichend Licht sorgen. Elsteinstrahler und Rotlichtlampen haben demzufolge im Wüstenterrarium nichts verloren. Auch wenn sich einige UV-B-Lichtquellen durch ihre Wärmeproduktion gleichzeitig als Hotspot nutzen lassen, so sollten dennoch Wärmequellen ohne UV-B-Strahlung zur Verfügung stehen.
Die Lichtquellen sind so anzubringen, dass die Tiere mit ihnen nicht in Berührung kommen. Zusätzliche Sicherheit bieten Schutzgitter oder -körbe. Sinnvoll sind Lampenschirme, die gleichzeitig als Reflektoren wirken, sogenannte Reflektorleuchten.

UV-Strahlung

Unterhalb der Grenze des sichtbaren Lichtes, also für uns Menschen unsichtbar, befindet sich die UV-Strahlung mit einer Wellenlänge zwischen 180 nm und 400 nm. Für die Terraristik relevant und nützlich ist die für Reptilien sichtbare UVA-Strahlung (320–400 nm), die wichtig ist für die Pigmentbildung, Häutung und Hautregeneration. Die kurzwelligere UV-B-Strahlung (280–320 nm) regt die Vitamin-D3-Synthese in der Bartagamenhaut an, wodurch ausreichend Calcium aus dem Darm resorbiert und in das Skelett eingelagert werden kann. Fehlt die UV-B-Strahlung, kommt es zu Wachstumsstörungen und zur Erweichung der Knochen, dem Krankheitsbild der Rachitis (s. S. 102f.). Weiterhin wirkt sich die Ultraviolettstrahlung positiv auf das Fortpflanzungs- und Sozialverhalten aus und hat Einfluss auf Aktivität und Futteraufnahme der Tiere.

Spektrum und Bestrahlungswerte

Bei der Auswahl geeigneter Lampen sollte sich am UV-Spektrum des natürlichen Sonnenlichtes orientiert werden. UV-Quellen mit einem breiten Spektrum sind zu bevorzugen. Da die UV-Bestrahlungsstärke der Lampen nach etwa 3–4 Monaten deutlich nachlässt, sollte man sie alle 4–6 Monate austauschen. In der Natur sind im Sommer und in der Mittagszeit die Bestrahlungswerte höher als im Winter. Aus diesem Grund empfiehlt es sich, die UV-Lampen im Sommer zu erneuern und zusätzliche UV-Quellen gegen Mittag zuzuschalten. Da die UV-Leistung der unterschiedlichen Lampen sehr stark variiert, muss sich dringend an die Empfehlungen der Hersteller bezüglich des einzuhaltenden Abstandes zwischen Tier und Lampe gehalten werden. Nur wenn sich die Bartagame im Wirkungsfeld der UV-Quelle befindet, ist eine ausreichende Vitamin-D3-Bildung gewährleistet. Andererseits müssen UV-Strahlenschäden, wie Verbrennungen der Haut oder der Augen (s. S. 111), die Schwächung des Immunsystems oder Tumorbildung vermieden werden. Sitzt ein Tier nach neu installierten Lampen mit zugekniffenen Augen unter der Lichtquelle oder versteckt sich sogar, sollten die UV-Bestrahlungszeiten und die Abstände überprüft werden.
Ebenso ist auf einen natürlichen Einfallswinkel zu achten: UV-Lampen sollten nicht seitlich angebracht werden.

UV-Messgeräte

An dieser Stelle lohnt es sich, über die Anschaffung von UV-Messgeräten nachzudenken.
Mit dem eigenen Messgerät können die gekauften Lampen kontrolliert und der erforderliche Abstand bei der Lampeninstallation berücksichtigt werden. Studien (DREWES, Kompaktwissen Echsen) zeigen, dass UV-B-Lampen entfernungsabhängig nach etwa 300 Stunden bis 50 % und nach etwa 1.000 Stunden bis zu 75 % Leistungsabfall im

UV-B-Bereich aufweisen können. Ein zuverlässiges und noch erschwingliches Gerät ist das Solarmeter 6.5 der Firma Solartech. Es misst im hellsten Strahl unter der UV-Quelle den UV-Index (Beleuchtungsstärke), der für Bartagamen analog der von FERGUSON et al. (2009) empfohlenen Zonen für sonnenliebende Reptilien etwa bei 2 bis 4 liegen sollte. Alternativ wird das Solarmeter 6.2 eingesetzt. Es misst UV-B-Werte in der Einheit ²W/cm². Für die Rachitisprophylaxe sollten Lampen in 30 cm Entfernung mindestens 50 ²W/cm² und unter Sonnenplätzen sogar 100–150 ²W/cm² UV-B abstrahlen.
Das Solarmeter 6.2 sollte nach DIEGEL (2010) allerdings nicht mehr alleine zum Vergleich verschiedener Leuchtmittel herangezogen werden, da das Solarmeter 6.2 auch UV-A-Strahlung in seine Messungen einbezieht und damit unter ungünstigen Voraussetzungen die tatsächlichen UV-B-Werte verfälschen kann. Dem Solarmeter 6.5 sollte aus diesem Grund der Vorzug gegeben werden. Nach aktuellem Wissensstand ideal wäre die Kombination beider Messgeräte (DIEGEL 2011).

UV-Lampen verlieren mit der Zeit an Intensität und sollten regelmäßig überprüft werden.

Abschwächung von UV-Strahlung

UV-B-Licht kann verschiedene Materialien gar nicht oder nur unzureichend durchdringen. Deshalb dürfen sich zwischen den UV-Lampen und dem Tier keine Fenster- oder Plastikscheiben befinden. Nicht unerheblich ist auch ein Strahlungsverlust durch ein Lochblech, eine Gaze oder durch ein feinmaschiges Netz der Außenterrarien. So wird beispielsweise die UV-Strahlung durch Metallgaze hindurch um bis zu 35 % abgeschwächt.
Da Reptilien UV-B-Licht erkennen können und dieses bei Bedarf gezielt aufsuchen, sollten zur Abwechslung auch UV-B-freie Lampen in unmittelbarer Nähe zur UV-B-Lichtquelle im Terrarium angebracht werden. So können die Bartagamen bei Bedarf selbstständig zwischen UV-Strahlung und Licht ohne UV-Anteil wechseln. Interessant ist, dass sich Bartagamen, wenn sie die Wahl haben, bevorzugt unter helle, warme Spots setzen – egal ob diese UV-B-Strahlung abgeben oder nicht. Die vorhandenen dunkleren, kühleren UV-B-Lampen werden ignoriert. Dieses Verhalten macht deutlich, dass UV-B-Strahlung nur in Kombination mit ausreichend Helligkeit und Wärme sinnvoll ist. Werden also auch UV-B-freie Spots angeboten, dürfen diese nicht heller sein als die UV-B-Lampe selbst.

Lampentechnik

Leuchtstoffröhren und Energiesparlampen

Leuchtstoffröhren (Lucky Reptile – UV Sun T5, Zoo Med – ReptiSun, Arcadia – D3 Reptile) und Energiespar-/Kompaktlampen (Lucky Reptile – Compact UV Sun 20 W, Hobby – UV Compact Desert 23 W 8 % UV-B, Arcadia – D3 Compact, Namibia Terra – Replux UV-Plus D3 10.0 compact 23W) können nicht als erste Wahl für eine optimale UV-B-Lichtversorgung in großen Bartagamenterrarien emfohlen werden. Oft wird wirksame UV-B-Strahlung nicht in ausreichender Entfernung zur Lampe abgegeben. Zudem verlieren die Röhren zugunsten ihrer zusätzlichen UV-B-Leistung an Lichtintensität und eignen sich aus diesem Grund nicht gleichzeitig zur effektiven Grundausleuchtung des Terrariums. Lediglich in kleineren Terrarien zur Aufzucht oder für die Quarantäne können die Minimalabstände für eine Wirkung ausreichend sein. Gute Messergebnisse brachten die Compact UV Sun 20 W, UV Compact Desert 23 W 8 % und die Replux UV-Plus D3 10.0 compact 23 W (DIEGEL, 2011). Es gibt allerdings auch Lampen mit sehr intensiver UV-B-Strahlung im Nahbereich (Zoo Med ReptiSun Compact). Aufgrund der bereits beschriebenen Strahlenschäden sind diese Leuchten in kleinen Terrarien ohne Ausweichmöglichkeit und Alternativlampen mit Vorsicht zu genießen. Die Lampenempfehlungen orientieren sich an aktuellen Messergebnissen und Bewertungen der Qualität.

Mischlicht-UV-Strahler

Mischlicht-UV-Strahler auf HQL-Basis (Osram – Ultra-Vitalux 300 W, Zoo Med – PowerSun 100/ 160 W, Arcadia – D3 Basking Lamp 160 W, JBL Solar UV Spot plus 100 W, Solar Raptor 100 W Wide Beam, Hobby UV Reptile Vital 100/160 W) werden bis auf die Ultra Vitalux 300 W alle den ganzen Tag eingesetzt. Einige Vertreter auf dem Markt schneiden hinsichtlich der Intensität der UV-B-Strahlung und der UV-B-Licht-Verteilung im Lichtkegel sehr schlecht ab. Gute Mischlichtstrahler, wie die Solar Raptor UV Wide Beam oder die Solar UV Spot plus (DIEGEL, 2011) stellen allerdings hinsichtlich ihrer UV-B-Leistung eine recht gute Alternative zu HQI-Lampen dar.
Für die Vitamin-D3-Bildung ausreichend ist die seit vielen Jahren empfohlene Osram Ultra-Vitalux, 300 Watt. Von Nachteil ist hier aber, dass aufgrund ihrer Intensität ein Mindestabstand von etwa 80–100 cm zu den Bartagamen eingehalten werden muss. Kleine Terrarien heizen sich durch die hohe Betriebstemperatur in kurzer Zeit schnell auf. Zu Beginn muss mit einer Bestrahlung von wenigen Minuten begonnen werden, damit sich die Tiere an die hohe UV-Leistung dieses Flood-Strahlers gewöhnen können. Eine Bestrahlungszeit von etwa 30–40 Minuten täglich hat sich bewährt. Da die Vitalux einen großen Wirkungsbereich besitzt, sollten ausreichende Ausweich- oder Versteckmöglichkeiten für die Tiere vorhanden sein.

Halogenmetalldampfstrahler

Halogenmetalldampfstrahler auf HQI-Basis (Lucky Reptile – Bright Sun Desert 50/70 W und Bright Sun Flood Desert 70 W, Econlux – SolarRaptor HID Spot Beam UV 70 W, X-Reptile – UV-MH 50/70/150 W, Hobby – UV Star Desert 50/70 W): Diese Lampen sind momentan die fortschrittlichste Technik auf dem Markt. Der große Vorteil besteht darin, dass sie über mehrere Stunden täglich im Einsatz sind und somit zusätzlich zur UV-B-Versorgung für ausreichend Helligkeit und lokal für Wärme sorgen können. Die UV-Strahlung wird wie in der Natur gleichmäßig über den Tag verteilt abgegeben. Die Metalldampflampen benötigen zwar ein Vorschaltgerät, dadurch wird aber mit wenig Stromleistung viel Licht erzeugt. Dabei ist das leistungsstärkere, lampenschonendere Elektronische Vorschaltgerät (EVG) dem preiswerteren elektromagnetischen Vorschaltgerät (KVG) vorzuziehen. Auch wenn die UV-Lampen alle 3–4 Monate gewechselt werden sollten, so empfiehlt es sich, sie aufgrund der sehr guten Beleuchtungsstärke neben einer neuen UV-Quelle als Licht- und Wärme spendende Lampe im Einsatz zu lassen. Mit den genannten HQI-Strahlern lassen sich zusätzlich zur Grundbeleuchtung helle Lichtakzente setzen.

Sinnvolle Lampenkombination

Lampenkombination in einem Terrarium der Größe 150 x 90 x 120 cm
Für die Grundausleuchtung des Terrariums im Bild rechts werden zwei 54 Watt starke T5-Röhren (Daylight Sun

Kunstlicht im Terrarium sollte die Natur möglichst genau nachempfinden.

T5 „Tageslicht") mit einem Reflektor verwendet. Empfehlenswert wäre es, an dieser Stelle zwei weitere Leuchtstoffröhren anzubringen, um die Helligkeit im Vordergrund noch zu erhöhen. Von links nach rechts sind folgende Lampen im Einsatz: Ein Halogenspot (50 Watt) bringt auf dem darunter befindlichen Lavastein eine Temperatur von etwa 45 °C für ein gelegentliches UV-Lichtfreies Sonnenbad. Die Ultra-Vitalux 300 Watt wird am Mittag für 40 Minuten über eine Zeitschaltuhr zugeschaltet und imitiert mit ihrer höheren Temperatur und Beleuchtungsstärke die Mittagssonne. Bevorzugt gegenüber den Halogenspots wird zum Sonnen die Metalldampflampe (Bright Sun Desert, 70 Watt) genutzt. Das Tier sitzt in einem empfohlenen Abstand von 35 cm unter der Lampe. Daneben wurde eine Halogenlampe 70 Watt installiert. Ganz rechts im Bild eine weitere Bright Sun Desert (70 Watt), um allen Mitbewohnern einen eigenen UV-B-Spot anbieten zu können.

Lampenkombination in einem Terrarium der Größe 90 x 45 x 60 cm

Für die Grundausleuchtung ist ein T5-Balken mit zwei T5-Leuchtstoffröhren („Tageslicht", 24 Watt) verantwortlich. Eine Metalldampflampe (Lucky Reptile – Bright Sun Desert, 50 Watt) sorgt für UV-Strahlung, Helligkeit und genug Wärme. Der empfohlene Abstand zum Tier beträgt hier 30 cm. Zusätzlich wird als Alternative zur UV-Lampe für vier Stunden täglich ein Wärmespot (75 Watt) zugeschaltet. Dieser simuliert die in der Natur vorkommenden Temperaturmaxima um die Mittagszeit.

In einem groß dimensionierten Terrarium sollten für mehrere Tiere verschiedene Spots zur Verfügung gestellt werden.

Hinweis: Irreführend sind Lampen mit der Bezeichnung „Tageslicht", „SunGlo" oder „Sunlight", die sich lediglich auf das für Menschen sichtbare Licht beziehen. In vielen Fällen produzieren diese Lampen keine UV-B-Strahlung. Beim Kauf einer UV-Lampe sollten daher die Herstellerangaben bezüglich der Lichtqualität und des Lichtspektrums auf der Verpackung unbedingt beachtet werden.

Einfach gut versorgt

Bartagamen halten

Bartagamen sind von Natur aus Einzelgänger. Vor allem geschlechtsreife Männchen sind sehr revierbezogen und verteidigen ihr Territorium gegen männliche Eindringlinge. In Anwesenheit von geschlechtsreifen Weibchen kennen Bartagamenmänner kein Halten mehr und es kommt meist zu heftigen Beißereien.
Aber auch in einer Gruppe von Weibchen kann es zu Differenzen kommen, v. a. wenn sich Größenunterschiede während des Wachstums ergeben oder wenn Tiere anwesend sind, die sich einfach unsozialer gegenüber ihren Artgenossen verhalten – auch Bartagamen haben ihren eigenen Charakter. Die unkomplizierteste Haltung ist die Einzelhaltung.
Typische artspezifische Verhaltensmuster, z. B. das Winken oder Kopfnicken, können allerdings hauptsächlich nur in Anwesenheit von Artgenossen beobachtet werden. Wer darauf nicht verzichten mag oder wer züchten möchte, sollte einige Dinge bei der Planung berücksichtigen. Die Grundvoraussetzung für die Haltung mehrerer Tiere ist ein ausreichend großes Terrarium mit mehreren Sonnenplätzen und genug Verstecken. Wenn mehrere Bartagamen unterschiedlichen Geschlechts ein Terrarium beziehen, darf nur ein männliches Tier zusammen mit mehreren Weibchen gehalten werden, um den Stress während der Paarungszeit gleichmäßig auf die Weibchen zu verteilen. Um ein zu aufdringliches Männchen, ein dominantes Einzeltier oder eine unterdrückte Bartagame isolieren zu können, muss ein weiteres gut ausgestattetes Terrarium zur Verfügung stehen.

Praxis | Zeichen für Mobbing

Ein unterdrücktes Tier gibt sich nicht immer als solches zu erkennen. Erste Anzeichen können eine dunklere Grundfärbung und ein devoteres Verhalten sein. Meist sitzen die Echsen am Boden geduckt, oder das Partnertier sitzt permanent auf dem Gemobbten, um ihn als erhöhte Sitzposition oder nächtliche Wärmequelle zu nutzen – das sollte nicht als „Kuscheln“ interpretiert werden! Deutlicher zu erkennen sind unterdrückte Tiere, wenn sie sich verstecken, das Futter verweigern oder im Wachstum zurückbleiben.

Ein unterdrücktes Tier versteckt sich, um unsichtbar für seine Konkurrenten zu sein.

Männchen oder Weibchen

Wenn eine Bartagame einzeln gehalten wird, spielt das Geschlecht keine Rolle. Die etwas geruhsameren Weibchen bleiben kleiner als die männlichen Tiere und sind nicht ganz so intensiv in der Färbung. Hält man ein Weibchen, ist zu beachten, dass dieses auch ohne

Anwesenheit eines Männchens zur Eiablage fähig ist. In der Ablagezeit benötigen die Bartagamen entsprechende Ablageplätze und eine angepasste Mineralstoffsubstitution.

Jungtiere oder Adulte

Ob jung oder alt – am wichtigsten ist der Gesundheitszustand des Tieres, der vor dem Kauf kritisch begutachtet werden sollte. Ab der 8. Woche sind Jungtiere bereits stabiler und futterfest, haben an Körpermasse zugenommen und sind bereit für die Umstellung auf ein neues Zuhause. Der Vorteil eines Jungtieres besteht darin, dass die Aufzucht in den eigenen Händen liegt. Bei bereits erwachsenen Bartagamen besteht die Gefahr, dass sie durch einen Mangel an Nährstoffen oder UV-B-Licht und die damit verbundenen Wachstumsstörungen vorgeschädigt sind. Fragen Sie bei ausgewachsenen Tieren nach der Vorgeschichte bzw. den bis dahin herrschenden Haltungsbedingungen und dem Abgabegrund. Da das Alter eines ausgewachsenen Tieres nicht erkennbar ist, muss sich der Interessent auf die korrekte Aussage des Verkäufers verlassen.

Vergesellschaftung mit anderen Echsen

Eine Vergesellschaftung mit anderen Echsen wird in einer kleinen Hobbyhaltung nicht empfohlen. Von den Fütterungsmodalitäten einmal abgesehen, wird es in einem kleinen Terrarium sehr schwierig, die jeweiligen unterschiedlichen klimatischen Bedingungen zu schaffen. Die Tiere sollten außerdem dieselbe Größe aufweisen, um nicht in das Beutespektrum des anderen zu fallen. Gute Erfahrungen in Privathand gibt es mit australischen Kragenechsen, die zumindest annähernd ähnliche klimatische Lebensräume besiedeln. Auch im Reptilium Landau funktioniert die Haltung mit Vertretern der Kragenechsen (*Chlamydosaurus kingii*), Blauzungenskinke (*Tiliqua gigas evanescens*) und dem Waran (*Varanus similis*) ganz gut. Dafür muss aber eine sehr große Fläche zur Verfügung stehen, um für ausreichend Bewegung, Ruhe- und Sonnenplätze sowie Verstecke und unterschiedlich temperierte Lebensräume zu sorgen.

Übertrieben dominante Tiere können Stress im Terrarium bedeuten.

Echsen kaufen

Ob Internet, Zoogeschäft, Tierheim, Züchter oder auf Reptilienbörsen – überall besteht einerseits die Gefahr, an gewissenlose Verkäufer und damit an kranke, vorbelastete Tiere zu geraten. Andererseits ist aber auch die Wahrscheinlichkeit gegeben, einen zuverlässigen Bartagamenzüchter zu finden, bei dem man mit gutem Gewissen gesunde, abwehrstarke Jungtiere kaufen kann.

Der Verkäufer sollte sich Zeit nehmen und freundlich auf alle bestehenden Fragen kompetent antworten. Er empfiehlt weiterführende Fachliteratur und legt Wert darauf, dass sich die Interessenten vorab ausreichend über die Tiere und deren Haltung informiert haben. Ein Verkäufer, der unbekümmert Tiere samt Erstausstattung an Spontankäufer abgibt, erweckt keinen seriösen Eindruck. Für das Tier ihrer engeren Auswahl sollte er gerne Futter anbieten, damit sie sich davon überzeugen können, dass die Bartagame auch frisst. Weiterhin wird er sich als künftiger Ansprechpartner für aufkommende Fragen oder bei Problemen anbieten.

Zoohandel

Im Zoofachgeschäft zählt der erste Eindruck: Sind die Terrarien sauber und übersichtlich gestaltet? Sind die Tiere in einem guten Ernährungszustand und ohne Bissverletzungen? Stimmen die Haltungsbedingungen, wie Luftfeuchte und Temperatur? Ist das Futter frisch und abwechslungsreich? Ist das Trink- und Badewasser frisch? Außerdem sollte darauf geachtet werden, dass die Terrarien nicht überbesetzt sind und der Größenunterschied in den Gruppen nicht allzu deutlich ist. Ungünstig ist ebenso die Vergesellschaftung diverser Reptilien untereinander.

Tierheim

Echsen aus dem Tierheim haben mitunter einen unbekannten Leidensweg hinter sich. Lässt man sich bewusst auf mögliche gesundheitliche Konsequenzen ein, schenkt man diesen Echsen allerdings eine wohlverdiente Restzukunft.

Börsen

Reptilienbörsen stellen in der Regel Stress für die Tiere dar: Die Tiere werden teilweise mehrere Stunden transportiert oder sind einige Tage unterwegs. Auf den Ausstellungstischen werden sie mitunter in zu kleinen, ungünstig klimatisierten Behältern von jedermann herausgenommen und begutachtet. Dieser Stress belastet das Immunsystem und eine augenscheinlich gesunde Agame kann, so sie den Transport in ihr neues Zuhause überlebt, wenige Tage nach dem Kauf erkranken oder verenden. Der Vorteil einer Börse besteht darin, dass die Auswahl und damit die Chancen, sein Traumtier zu finden, enorm groß sind.

Internet

Empfehlenswert sind die auf der Internetseite www.dght.de der Deutschen Gesellschaft für Herpetologie und Terraristik aufgeführten Züchter. Diese besuchen regelmäßig Fortbildungen und engagieren sich auf dem Gebiet der Terraristik.

Züchter

Weiterhin empfehlenswert sind Züchter, die sich auf einer Homepage präsentieren und somit gleichzeitig ausreichend Informationen rund um Haltung und Fütterung bieten. Die Gestaltung und Ausarbeitung der Homepage lässt erste Rückschlüsse auf die Zuverlässigkeit und die Grundeinstellung des Züchters zu, die durch ein anschließendes Telefonat gefestigt werden. Optimal ist eine persönliche Abholung des Tieres. Bei dieser Gelegenheit kann sich der neue Besitzer vor Ort von der Haltung und Gesundheit aller Tiere überzeugen. Ist eine Abholung der Echsen nicht möglich, können zuverlässige Tierspeditionen beauftragt werden. Auch hier wird ein engagierter Züchter Versandmöglichkeiten vorschlagen bzw. mit einem empfehlenswerten Spediteur zusammenarbeiten.

Die Auswahl unter vielen hübschen Jungtieren fällt nicht leicht.

Gesundheits-Check

Die Echse, die Sie erwerben wollen, sollte folgende Kriterien erfüllen: Das Tier ist munter, aufmerksam und lässt sich ohne große Abwehrreaktionen auf die Hand nehmen. Es bewegt sich gleichmäßig und interagiert mit seinen Artgenossen. Es sitzt nicht permanent geduckt und dunkel gefärbt in einer Ecke, sondern aufrecht auf einer erhöhten Sitzgelegenheit oder unter dem Wärmespot. Auf Nahrungsangebot reagiert es interessiert. Das Schuppenkleid ist sauber, die Haut glatt, ohne deutliche Faltenbildung und Verletzungen. Besonders die Hautregionen im Kloaken-, Achsel-, Trommelfell- und Augenbereich sind auf Milben zu untersuchen. Der Ernährungszustand ist gut, wenn die Sitzbeinhöcker nicht deutlich zu sehen sind und das Bäuchlein sich leicht hervorwölbt (falls sich das Tier nicht gerade zum Sonnen abgeflacht hat). Der Schwanz darf nicht mager erscheinen. Die Hinterkopfpartie wirkt nicht eingefallen. Die Wirbelsäule verläuft bis zur Schwanzspitze gerade, ohne Krümmungen oder Buckelbildung.

Das Tier ist gut genährt und sitzt munter und aufrecht zum Sonnen unter dem Wärmespot.

Augen und Nase

Die Augen sind beide gleich groß, klar und weit geöffnet. Es sind keine Krusten oder flüssiges Sekret an den Lidern erkennbar. Die Lidränder sind nicht geschwollen bzw. verdickt. Die Nasenlöcher sind rund und sauber. Eine weiße Kruste in den Nasenlöchern ist selten zu sehen, kann aber durch Ausscheidung von Mineralsalzen normal sein. Die gleichmäßige, ruhige Atmung funktioniert ohne ein zusätzlich geöffnetes Maul oder erschwertes Pumpen oder pfeifende, röchelnde Atemgeräusche.

Maul

Die Kiefer schließen vollständig und lückenlos. Ober- und Unterkiefer bilden eine Einheit in Länge und Breite. Es ist kein Schaum oder herausfließende Flüssigkeit zu erkennen. Die Kieferknochen sind fest und geben auf Druck nicht nach. Gummiartige Kieferknochen geben einen Hinweis auf kalziumunterversorgte Tiere mit einem schweren Stoffwechselproblem (s. S.

102f.). Das Maul lässt sich durch leichten Zug an der Kehlhaut, ggf. bei gleichzeitiger Fixation des Oberkiefers zwischen zwei Fingern öffnen. Die Maulschleimhaut ist rosarot gefärbt (Foto rechts), ohne Läsionen, gelbe Beläge oder Blutungen. Eine leichte Gelbfärbung der Maulschleimhaut kann normal sein. Ein Faden ziehendes, klares Sekret in der Maulhöhle ist ebenfalls nicht außergewöhnlich.

Nase, Augen und Maul sind optisch in Ordnung.

Durch leichten Zug an der Kehle oder an der Unterkieferspitze kann das Maul geöffnet und die Maulschleimhaut begutachtet werden.

Gliedmaßen und Schwanzspitze

Die Muskeln an Oberarm und -schenkel sind relativ kräftig. Es fallen keine gekrümmten Gliedmaße, Fehlstellungen oder geschwollene Bereiche auf, die auf eine Rachitis Hinweis geben. Jedes Bein hat fünf bekrallte Zehen. Das Schwanzende läuft spitz aus. Die Zehen und die Schwanzspitze sind nicht geschwollen, blutig verkrustet oder vertrocknet und schwarz gefärbt – dies weist nämlich auf Verletzungen oder Häutungsschwierigkeiten hin. Der Schwanz wird beim Laufen leicht angehoben.

Exkrement einer gesunden Bartagame: Der Kot ist grün-braun, der weiße Anteil ist Harnsäure.

Kloake und Kot

Die Kloakenöffnung ist sauber und nicht kotverschmiert. Es darf keine Kloakenschleimhaut sichtbar sein. Der abgesetzte Kot bildet ein geformtes Häufchen, ist nicht wässrig und sollte nicht ausschließlich aus groben, unverdauten Insektenresten bestehen. Mit ihm wird eine geformte weiße Masse, die Harnsäure, ausgeschieden.

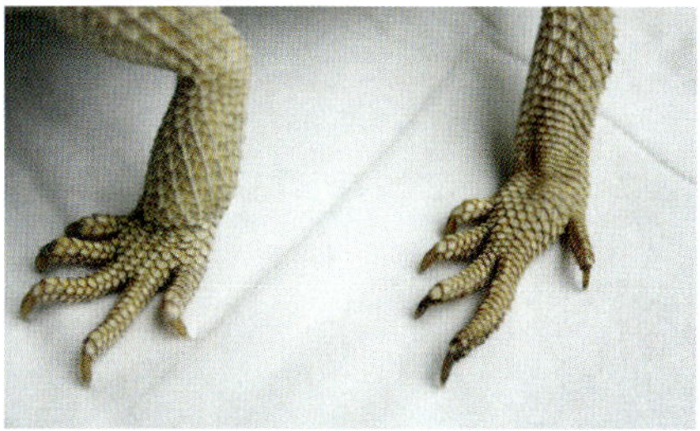

Gesunde Zehen und gut durchblutete Krallen sind wichtig.

Das Geschlecht

Adulte Bartagamen ab einem Jahr, also nach Eintritt in die Geschlechtsreife, zeigen mehr oder weniger deutliche geschlechtsspezifische Unterschiede, die sich in den meisten Fällen sicher für die optische Geschlechtsdifferenzierung heranziehen lassen und eine Sondierung oder endoskopische Untersuchung nicht notwendig machen.

Phänotypische Geschlechtsdiagnose

Männchen sind meist größer und schwerer als Weibchen und haben mitunter einen größeren, kräftigeren Kopf, einen dickeren Schwanzansatz und eine intensivere Färbung. In der Regel weisen Tiere mit schwarz gefärbten Bärten und nickendem Kopf auf ein Männchen hin, wohingegen die devoteren Weibchen eher mit dem typischen Ärmchendrehen, dem „Winken" auffallen. Allerdings spielen hier der Ernährungszustand und die Hierarchie in der Gruppe eine große Rolle. Ein dominantes Weibchen kann während der Wachstumsphase durchaus einem männlichen Tier an Körpermasse und Größe überlegen sein. Auch weibliche Tiere können ihren Bart aufstellen, sich leicht dunkel färben und mit ihrem Kopf nicken.
Deutlicher hingegen ist die Beurteilung der Hemipenestaschen an der Unterseite des Schwanzes hinter der Kloakenöffnung Richtung Schwanzspitze. Diese wölben sich bei den meisten Männchen auf beiden Seiten deutlich hervor (s. Foto S. 57). Auch die Präanofemoralporen sind prominenter ausgeprägt und die Kloakenöffnung ist größer als beim Weibchen. Mit etwas Erfahrung sieht man, dass bei den Männchen die Schwanzwurzel etwas breiter ist als bei den Weibchen, bei denen der Schwanz von der Basis aus eher schmaler zur Spitze ausläuft. Bei männlichen Tieren ist es zudem möglich, die Hemipenes durch einen bestimmten, sehr vorsichtig ausgeführten Handgriff hervorzulagern. Diese Prozedur ist allerdings nur routinierten Personen vorbehalten, da die Verletzungsgefahr der Geschlechtsorgane bei falscher Druckausübung hier sehr groß ist.
Bei kleinen Bartagamen mit einem Alter von sechs bis acht Wochen deuten sich diese äußeren Geschlechtsmerkmale bereits an. Das Geschlecht lässt sich allerdings noch nicht 100%-ig äußerlich bestimmen.

Info – Mann oder Frau?

In einer Gruppenhaltung kann es durchaus sein, dass rangniedere Männchen phänotypisch mit einem Weibchen verwechselt werden. Es wird diskutiert, ob dies mit einer verminderten Geschlechtshormonproduktion in Zusammenhang stehen könnte, wodurch die Ausbildung der männlichen Merkmale behindert wird. Vermutlich dient das dazu, Auseinandersetzungen mit dem dominanten Männchen zu vermeiden, oder aber es ist die Folge der Unterdrückung in der Gruppe.

Instrumentelle Geschlechtsdiagnose

Die zuverlässige Geschlechtsdiagnose erwachsener Tiere erfolgt per Endoskopie. Diese ist nur ratsam, wenn sich das Geschlecht optisch nicht eindeutig bestimmen lässt. Dafür muss das Tier in Narkose gelegt werden, und sobald es schläft, wird eine Sonde mit Kamera in den Bauch eingeführt, mit der sich dann entsprechend die Eierstöcke oder die Hoden auf einem Bildschirm darstellen lassen.

Eine schonendere, aber relativ unzuverlässige Methode ist das Sondieren der Hemipenes- bzw. Hemiclitorialtaschen mittels einer kleinen abgerundeten Metallsonde. Bei männlichen Reptilien lässt sich der Metallstab etwas tiefer einführen als beim Weibchen. Diese Untersuchung darf nur von erfahrenen Personen durchgeführt werden, da die Verletzungsgefahr groß ist. Spätestens mit dem Eintritt in die Geschlechtsreife wird sich ein Tier, das Eier ablegt, nun zu 100 Prozent als Weibchen zu erkennen geben.

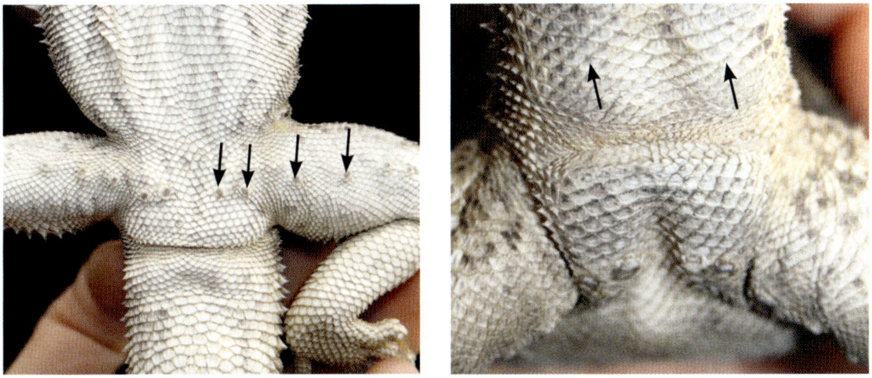

Beim männlichen Tier sind deutlich die Femoralporen (links) und über der Kloake die typischen Wölbungen (rechts) zu erkennen.

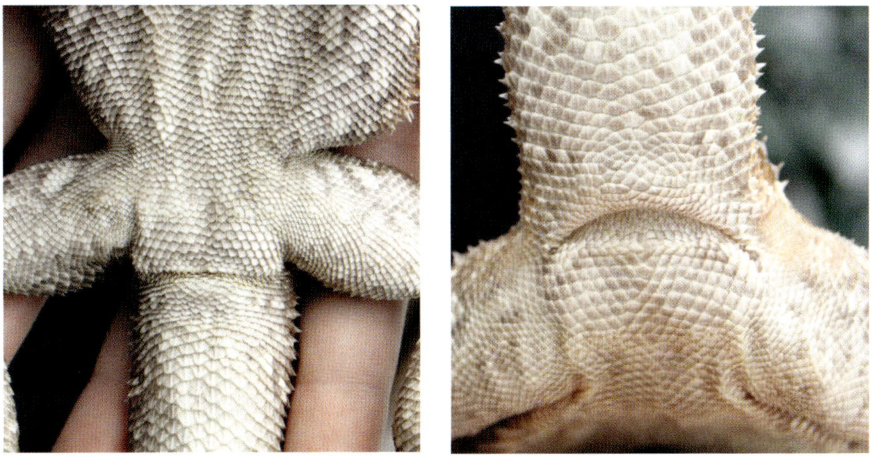

Beim Weibchen sind die Femoralporen (links) nur dezent ausgebildet und die Schwanzbasis (rechts) ist flach.

Transport ins neue Heim

Für den Transportweg vom Kauf bis nach Hause, für einen Besuch beim Tierarzt oder aber für den Weg vom Terrarium in den Garten sollte ein geeigneter, ausbruchssicherer Behälter zur Verfügung stehen.
Als Transportbehälter kommen beispielsweise große Heimchendosen, Schuhkartons oder Heimtiertransportkäfige aus Plastik in Frage. Für ausgewachsene Bartagamen eignet sich auch eine Katzentransportbox. Die Transportbox sollte groß genug sein, damit sich das Tier ohne Probleme drehen kann. Auf ausreichend Belüftungsschlitze für eine funktionierende Luftzirkulation ist ebenso zu achten. Um den Stress des Transportes so gering wie möglich zu halten, sollte ein Sichtschutz gewährleistet sein und ein ständiges Hineinschauen oder Anfassen, so schwer es dem neuen Besitzer auch fällt, vorerst unterbleiben. Als Untergrund reicht Zellstoff, ein Handtuch oder Moos zur Abpolsterung und damit das Tier auf dem Boden Halt findet. Auf Futter oder Wasser kann auf Kurztransporten verzichtet werden, da die meisten Tiere unter den aufregenden Bedingungen kein Futter annehmen werden. Sind die Tiere jedoch längere Zeit unterwegs, kann der Untergrund im Vorfeld auf einer Seite etwas angefeuchtet werden. Für den Transport in der kälteren Jahreszeit und für den Tierversand eignet sich eine Wärme isolierende Styroporkiste mit einer geeigneten handwarmen Wärmequelle. In diese Styroporkiste wird die eigentliche Transportbox mit dem Tier gesetzt. Der Wärmeakku oder eine Wärmflasche sollte nochmals durch Papier, Zellstoff oder Baumwolltücher abgedeckt sein, um direkten Kontakt und damit Verbrennungen vorbeugen zu können. Außerdem sollte er nur auf einer Seite platziert werden, damit das Tier der Wärme bei Bedarf ausweichen kann. Da der Wärmeakku Sauerstoff verbraucht, müssen unbedingt ausreichend Lüftungsschlitze, optimaler Weise unten und oben, in die Styroporkiste geschnitten werden. Im Vorfeld empfiehlt es sich, die Temperaturentwicklung in einer solchen Isolierbox zu prüfen, damit es während des Transportes nicht zu einer Überhitzung von über 35 °C kommt. Für Bartagamen ist eine Transporttemperatur von etwa 20–25 °C optimal.

Eingewöhnung

Zu Hause angekommen, wird die Bartagame in ihr neues Terrarium gesetzt und ihr für die nächsten Tage Ruhe zur Eingewöhnung gegönnt. Die ersten spärlichen Fütterungsversuche sollten erst ab dem 2. oder 3. Tag erfolgen. Besonders nach einem längeren Transport muss sich der Verdauungstrakt langsam wieder an große Futterportionen gewöhnen. Im Terrarium sollten bei der Ankunft bereits optimale Haltungstemperatur und Luftfeuchte bestehen. Empfehlenswert ist es, das Terrarium bereits einige Tage vorher im Probelauf betrieben zu haben. Da der Gesundheitszustand neuerworbener

Tiere nicht bekannt ist und ggf. medikamentöse Behandlungen gegen Endoparasiten notwendig sein können, wird vorerst ein Quarantäneterrarium benutzt (Einrichtung s. S. 92).
Von den Kothäufchen werden über zwei bis drei Tage kleine Probemengen in einem verschließbaren Behälter gesammelt und ins Labor oder zum Tierarzt zur Untersuchung gebracht. Kann die Probe nicht frisch untersucht werden, wird sie bis zur Abgabe im Kühlschrank gelagert. Damit der Kot nicht austrocknet, wird ein Tropfen Wasser hinzugegeben. Da einige Parasiten nicht durchgängig ausgeschieden werden, empfiehlt sich die Abgabe einer neuen Kotprobe nach etwa drei bis vier Wochen. Nach der Quarantänezeit von mindestens acht Wochen und nach einem unbedenklichen Kotuntersuchungsergebnis können der Bodengrund eingefüllt und sonstiges Inventar (Höhlen, Korkäste ...) platziert werden.

Während der warmen Jahreszeit genügt eine ausbruchssichere Transportbox für kurze Ausflüge.

So sollte eine Versandbox von innen aussehen.

Vorsicht bei neu gekauften Agamen, die aus Furcht aggressiv sein können!

Tragen und Halten

In den ersten Eingewöhnungstagen empfiehlt es sich, die Bartagame vorerst völlig in Ruhe zu lassen, damit sie sich mit ihrem Umfeld und ihren Besitzern vertraut machen kann. Keine Kinder, keine Haustiere, kein Besuch, kein ständiges Beobachten ...

Die notwendigen Arbeiten im Terrarium werden mit ruhigen Bewegungen ausgeführt. Vorher sollte sich der Pfleger versichert haben, dass die Bartagame die sich nähernde Person erkannt hat. Eine Annäherung an das Tier geschieht am günstigsten von vorn. So kann die Bartagame den Pfleger beobachten und entsprechend reagieren. Hat sich das Tier nach einigen Tagen eingelebt, läuft es umher, frisst und nutzt es die Sonnenplätze, kann nun ein Versuch gewagt werden, sich intensiver mit dem Tier zu beschäftigen. Fürs Erste genügt es, der Bartagame Leckereien, z. B. eine Heuschrecke, aus der Hand anzubieten. Hat sich das Tier an die Hände gewöhnt, kann es nun angefasst werden.

Zum Herausheben der Bartagame wird eine Handfläche vorsichtig langsam von vorn unter die Brust und den Bauch geschoben. Die andere Hand fixiert das Tier zusätzlich hinter dem Schultergürtel. Anschließend kann die Agame auf den Pflegerbauch oder Arm gesetzt werden. Ein überraschendes Zupacken von hinten oder aber von oben sollte unterbleiben, da dies als ein Angriff gewertet werden könnte, was folglich zu entsprechenden Abwehrreaktionen führt. Ebenso darf dem Tier nicht am Schwanz gezogen werden.

So hält man eine Bartagame richtig.

Bartagamen können ihren Schwanz zwar nicht abwerfen, aber ein kräftiges Ziehen daran ist dem Tier sehr unangenehm und kann zu Verletzungen führen. Die ersten Halteversuche sollten bodennah durchgeführt werden. Einige Tiere zappeln und wedeln mit dem Schwanz vor Aufregung in den Händen ihrer Besitzer, was den noch ungeübten Besitzer dazu veranlassen könnte, das Tier fallen zu lassen. Für die ersten Versuche oder bei einem Notfall eignet sich ein kleines Handtuch, dass vor dem Zugreifen um die Bartagame gelegt werden kann. Zum einen verbindet das Tier den Akt nicht unmittelbar mit den Händen und zum anderen fühlt sich das Tier unter seinen Abwehrbewegungen nicht ganz so stachelig an. Ist gleichzeitig der Kopf bedeckt, kann dies die Agame beruhigen. Es sollte aber darauf geachtet werden, dass das Tier ohne Probleme atmen kann. Der Schwanz sollte ebenfalls zeitgleich fixiert werden, um die sofort einsetzenden Abwehrbewegungen einschränken zu können. Dieser kann beim Festhalten zwischen Pflegerarm und Körper geklemmt werden. Spürt das Tier den zunehmend sicheren, festen Griff des Pflegers, lässt es sich zukünftig ohne Probleme handeln. Manchmal sind junge Bartagamen noch relativ hektisch und flüchten schnell. Dieses Verhalten gibt sich allmählich mit dem Erwachsenwerden. Bei diesen Tieren wird es etwas länger dauern, um sie ruhig und stressfrei aufnehmen zu können. Vorsicht ist beim Herumtragen im Freien geboten. So manche fallen gelassene Bartagame jagt blitzschnell durch den Garten und entkommt durch die Hecke.

Praxis Freilauf

- Dem Tier ruhig und mit sicheren Bewegungen nähern – von vorn und möglichst nicht von oben.
- Beim Hochheben ordentlich festhalten (Schwanz fixieren). Viele Halter tragen die Tiere frei auf ihren Schultern herum – erschrickt das Tier, kann es herunterfallen.
- Kinder sollten zum Halten der Echse am besten auf dem Boden sitzen. Ein Erwachsener muss dabei sein.
- Küche, Kinderzimmer und Bad nicht als Auslauf nutzen (Hygiene).
- Die Fußbodentemperatur sollte nicht unter 20 °C liegen, Zugluft vermeiden.
- Während des Auslaufs Ruhe halten.
- Vorsicht bei Teppichböden – hier können die Krallen hängen bleiben oder sogar brechen.
- Auf glatten Böden rutschen die Echsen, das provoziert eine angstvolle Flucht.
- Den Freilauf bei ungünstigen Bedingungen (bezüglich Temperatur, Stress) auf ein zeitliches Limit begrenzen.
- Duckt sich das Tier oder schließt die Augen, wird es sofort in sein Terrarium zurückgesetzt, da es so Unbehagen zum Ausdruck bringt.
- Gefahrenquellen (z. B. Giftpflanzen, Fremdkörper, Staub, Strom, andere Haustiere) vorher beseitigen.
- Mögliche Verstecke sichern.
- Kothäufchen umgehend entfernen und die Stelle desinfizieren.
- Beißt die Bartagame, sofort die Wunden säubern und desinfizieren, evtl. einen Arzt aufsuchen.

Flüssigkeitsbedarf und Häutung

In freier Natur bergen tiefe Gewässer Gefahren. Aus diesem Grund nutzen Bartagamen vornehmlich Tau, Niederschläge und die Nahrung als Flüssigkeitsquelle. Ein Bad ist also nicht unbedingt erforderlich, unterstützt aber Flüssigkeitsaufnahme und Häutung.

Baden

Eine Bartagame, die das Baden nicht gewohnt ist, wird hektisch versuchen, dem Wasser zu entkommen. Solche Tiere sollten langsam über mehrere Wochen an das vorerst sehr flache Wasser gewöhnt werden. Werden Bartagamen von klein auf an das Baden herangeführt, können sie einmal in der Woche im ca. 30 °C warmen Wasser für etwa 10–15 Minuten gebadet werden. Das Wasser sollte so flach sein, dass die Tiere bequem auf dem Boden stehen und den Kopf ohne Anstrengungen über der Wasseroberfläche halten können. Hygienischer als die Badewanne ist eine Plastikbox mit hohen Wänden, aus der die Echsen nicht entweichen können. Zum Baden wird klares Wasser ohne Zusätze verwendet, bei kranken Tieren kann eine Elektrolytlösung oder ein geeignetes Mineralstoffpräparat dem Badewasser zugefügt werden. Am günstigsten ist es, die Badekiste während der Prozedur unter einen Wärmespot zu stellen, dem die Tiere bei Bedarf ausweichen können. Da die Echsen im warmen Wasser gerne koten, sollten sie einzeln nacheinander gebadet, der Kot unverzüglich entfernt und das Wasser erneuert werden, damit das verschmutzte Wasser nicht getrunken wird.

Sitzen doch mehrere Tiere gleichzeitig im Wasser, darf keine Bartagame unter einer anderen ertrinken, das kann durchaus bei gestressten, hektischen Tieren passieren. Nach dem Badevergnügen werden die Tiere abgetrocknet und umgehend wieder in ihr zugfreies, warmes Terrarium gesetzt. Im Anschluss daran werden die Badebehältnisse gründlich desinfiziert.

Eine hohe Kunststoffbox ist ein idealer Behälter für ein ausgiebiges Bad.

Trinken

Als Bewohner wärmerer Lebensregionen haben sich Bartagamen trockenen Bedingungen angepasst. Sie sind in der Lage, unter günstigen Haltungsbedingungen mit relativ wenig Flüssigkeit aus der Nahrung zu haushalten. Dies geschieht einerseits durch die Ausscheidung überflüssiger Salze aus einer speziellen vor den Augen gelegenen Drüse, um das Restwasser besser speichern zu können. Andererseits kann aus der Blase Flüssigkeit rückresorbiert werden. Als Resturin wird eine weiß-

liche Masse (Harnsäure) mit dem Kot zusammen abgesetzt.
An stehendes Wasser gehen Bartagamen selten, da es von ungeübten Tieren schlecht erkannt wird. Häufig ist bei ausreichender saftiger Grünfütterung kein zusätzlicher Wasserbedarf vorhanden. Eine große Bade- oder Trinkschale sollte trotzdem immer zur Verfügung stehen, da es bei chronischem Wassermangel zu Austrocknungserscheinungen und schließlich zu Erkrankungen wie der Gicht kommen kann. Alternativ können Brunnen im Terrarium installiert werden. Einige Bartagamen mögen es, direkt aus dem Strahl des Sprühers zu trinken. Andere wiederum bedienen sich lieber an den beim Sprühen entstehenden Pfützen und Tropfen. Sollen kranke oder geschwächte Tiere getränkt werden, ist es für sie relativ stressfrei, wenn Tropfen für Tropfen per Pipette auf die Nasenspitze geträufelt werden. Die meisten Tiere lecken sich die Tropfen bereitwillig von der Maulspitze ab.

Häutung

Während der Wachstumsphase innerhalb des ersten Lebensjahres erfolgt etwa alle vier bis sechs Wochen die Häutung. Die anstehende Häutung deutet sich durch ein trüber werdendes Schuppenkleid an. Anschließend reißt die alte Haut an verschiedenen Stellen ein und löst sich in Fetzen. Gerne werden alte Hautreste an rauen Gegenständen abgerieben. Manche Tiere fressen die Hautreste, um die Nährstoffe aus den Hautresten zu nutzen. Bei guten Haltungsbedingungen mit ausreichend Luftfeuchte und einer guten Vitamin- und Mineralstoffversorgung benötigen gesunde Tiere keine Hilfe. Nach jeder Häutung sind aber vor allem die Schwanzspitze und die Zehen auf Häutungsreste zu kontrollieren, diese müssen ggf. vorsichtig entfernt werden, da es durch Abschnürungen zum Verlust der Zehen oder der Schwanzspitze kommen kann. Tägliche Warmwasserbäder bei 30 °C können den Häutungsvorgang in diesem Fall unterstützen. Am wichtigsten ist aber eine Haltungsoptimierung, v. a. das Anheben der Luftfeuchtigkeit. Ölbehandlungen sind nicht zu empfehlen, da sie zu Hautirritationen führen können. Auch erwachsene Tiere häuten sich noch – dann aber nur noch etwa ein- bis dreimal im Jahr. Bei älteren Tieren sind oft Häutungsreste an den Stacheln zu finden.

So sehr es auch verlocken mag, durch Abziehen der losen Haut zu helfen – das Tier schafft es alleine.

Schlaf und Ruheperioden

Schlafen

Die meisten Bartagamen wissen durch ihren regelmäßigen Rhythmus der Beleuchtungszeiten genau, wann die Nachtruhe naht. Sie suchen oft bereits vor dem Erlöschen des Lichtes ihren Schlafplatz auf. Es gibt Tiere, die gerne ihren Lieblingsplatz beanspruchen, aber auch Bartagamen, die sich jeden Abend erneut auf die Suche machen oder gerade dort schlafen, wo sie sich gerade aufgehalten haben. Bevorzugt werden enge Nischen oder Höhlen. Besonders interessant sind die Positionen, die Bartagamen einnehmen können. Vor allem Jungtiere mögen es, aufrecht an die Wand gelehnt zu nächtigen. Andere lassen genüsslich ihre Hinterbeine baumeln bzw. hängen mit dem Hinterteil von einer erhöhten Sitzposition herunter. Da vor allem Jungtiere gerne im Wassernapf einschlafen, darf der Wasserstand nicht zu tief sein und das Wasser muss frei von Kot und anderem Schmutz sein.

Bartagamen nächtigen ab und zu gerne im flachen Wasserbecken.

Ruheperioden

Die oft als „Winterruhe" bezeichnete Ruhephase ist ein physiologischer und sehr komplexer Vorgang, der den Bartagamen in der Natur die Möglichkeit gibt, den Zeitraum mit ungünstigeren Lebensbedingungen optimal zu überbrücken. Während der kühleren Jahreszeit findet sich einerseits nur unzureichend Nahrung und andererseits können die temperaturabhängigen Verdauungsvorgänge der wechselwarmen Tiere nicht vonstatten gehen. Während der Ruhephase sinken die Stoffwechselvorgänge, der Energieverbrauch und die Atemfrequenz. Die Herzfrequenz beispielsweise wird bei winterruhenden Tieren temperaturabhängig von etwa 30 Schlägen pro Minute bis auf etwa 4 Schläge herunterreguliert. Der nun beginnende Abbau der eingelagerten Fettreserven verhindert eine chronische Verfettung der Tiere und schont damit wiederum die Leber. Die Pause ist essentiell für ein gesundes Immunsystem. Die kühlere Periode fördert die Spermienentwicklung beim Männchen und regt die Reifung der Eizellen beim Weibchen an. Der Temperaturanstieg, die zunehmende Lichtintensität und -dauer nach der Ruheperiode wirken als natürlicher Stimulus für die Fortpflanzung. Fehlt ein derartiger Rhythmus, kann dies auf Dauer zu Lasten der Gesundheit gehen und sich negativ auf die Lebenserwartung auswirken. Es kann zur erhöhten Krankheitsanfälligkeit bis zu hormonellen Imbalancen

führen, die eine optimale Fortpflanzung einschränken.
Über die Notwendigkeit der Winterruhe in der Terrarienhaltung wird immer wieder kontrovers diskutiert. Eine kältere Periode und Futtermangel haben Terrarientiere zwar nicht zu überbrücken, aber die beschriebenen Stoffwechselvorgänge, v. a.die hormonellen Veränderungen, die erst durch eine Pause aktiviert werden, rechtfertigen eine Ruheperiode auf jeden Fall. Eine Herbeiführung der Winterruhe lohnt aber nur, wenn die optimalen Bedingungen, v. a. eine konstant bleibende niedrige Überwinterungstemperatur und kurze Beleuchtungszeiten, eingehalten werden können und die Tiere somit auch bereit sind für diese Ruhepause.
Wichtig: Da in der Natur nur gesunde Tiere diese Ruheperiode unbeschadet überstehen, dürfen keine kranken, abgemagerten, unterentwickelten oder geschwächten Bartagamen in die Winterruhe überführt werden. Auch für hochgradig adipöse Tiere kann die Ruheperiode tödlich enden. Einerseits ist eine Fettleber generell in ihrer Funktion eingeschränkt, andererseits kann bei zu hohen Überwinterungstemperaturen das Fettleberproblem verstärkt werden. Das Alter spielt bei der Überwinterung keine maßgebliche Rolle. Gesunde, futterfeste Jungtiere ab einem Alter von vier Monaten überstehen eine gut geplante Ruhephase wie die erwachsenen Bartagamen auch.
Etwa acht Wochen vor Beginn der Licht- und Temperaturabsenkung sollte der Kot auf Endoparasiten untersucht werden. In diesem Zeitraum lässt sich das Tier ggf. therapieren und eine weitere Kotprobe auf Erregerfreiheit nach erfolgter Medikamenteneingabe untersuchen. Die Medikamentenbehandlungen müssen drei Wochen vor der Einleitung der Winterruhe abgeschlossen sein. Im Zeitraum der Medikamentenverabreichung muss der Bartagame immer Futter und ausreichend Flüssigkeit zur Verfügung stehen.

Keine Lähmung der Hintergliedmaßen – nur eine entspannte Schlafstellung.

METHODE 1 zur Winterruhe

Das Verkürzen der Beleuchtung und die Temperatursenkung sollten wie in der Natur über einige Wochen erfolgen. In Fensternähe stehende Bartagamen reagieren bereits sensibel auf kürzer werdende Tage und leiten ihre Ruhephase durch beginnende Futterverweigerung selbst ein.
Bei allen anderen Tieren empfiehlt es sich, die Brenndauer der Lichtquellen wöchentlich über sechs bis sieben Wochen etwa um eine Stunde zu reduzieren. Stetig kürzer werdende Beleuchtungszeiten und ein deutlicher Temperaturabfall im Terrarium sollten die Tiere dazu veranlassen, sich langsam auf die Winterruhe vorzubereiten. Ein gelegentliches Warmwasserbad fördert die Verdauung und gibt der Bartagame die Möglichkeit, ihren Flüssigkeitshaushalt aufzubessern. Bei optimaler Luftfeuchte ist das Baden sicher nicht unbedingt notwendig und bei Tieren, die nicht gerne baden, sollte darauf gänzlich verzichtet werden, um Stress zu vermeiden. Die Bartagame scheint nun träger, hält sich zunehmend in ihren Verstecken auf. Nun kann die Fütterung eingestellt werden. Optimalerweise verschmäht sie von sich aus das angebotene Futter. Um dieses Verhalten zu unterstützen, sollte auch nicht mehr das Lieblingsfutter angeboten werden. Die Bartagame muss noch etwa 14 Tage (bis zum Erlöschen des Wärmespots) die Möglichkeit haben, das zuletzt aufgenommene Futter zu verdauen und auszuscheiden. Demzufolge sollte lokal noch ein Spot mit 45–50° C für ca. sechs Stunden täglich zur Verfügung stehen, der die nun erreichte niedrige Grundtemperatur im Terrarium aber nicht mehr erhöhen darf. Diese natürlich herbeigeführte, sanfte Verfahrensweise ist meiner Meinung nach der beste Weg, die Winterruhe einzuleiten.

Manche Schlafstellungen sehen einfach nicht bequem aus …

METHODE 2 zur Winterruhe

Eine andere gängige, oft angewandte Methode ist es, den Tieren bereits vor dem Herunterregulieren der Beleuchtung das Futter für etwa zwei Wochen zu entziehen. In dieser Zeit werden an-

gedaute Futterreste ausgeschieden. Danach folgt über zwei bis drei Wochen die Reduktion der Beleuchtung auf sechs Stunden Brenndauer. Dann werden die Lampen für einen Zeitraum von acht bis zwölf Wochen gelöscht. Die Bartagamen verbringen nun in Ruhe und ohne Futter die Zeit. Insofern die Tiere nicht in Fensternähe stehen, sorgt eine dezente Grundbeleuchtung für einen Tag-Nacht-Rhythmus.
In dieser Phase haben sich die Tiere in leicht feuchte Höhlen verkrochen oder in den feuchten Sand eingegraben.
Zur Sicherheit steht dem Tier ein Wassernapf mit frischem Wasser zur Verfügung, der aber bei ausreichender Luftfeuchtigkeit nicht unbedingt erforderlich ist. Der Unterschied zu einem Winterschlaf besteht darin, dass es sich bei der Winterruhe lediglich um eine ruhigere Phase handelt. Dementsprechend kann es passieren, dass die Tiere kurzzeitig umherlaufen und ihren Schlafplatz wechseln. Dies geschieht insbesondere, wenn die Temperaturen stark schwanken. Optimal ist es, für Temperaturen zwischen 10 und 15 °C zu sorgen. Als Kompromiss in wärmeren Wohnungen gelingt eine Überwinterung auch bei 15–20 °C mit einer Nachtabsenkung bis mindestens 18 °C. Werte darüber und starke Temperaturschwankungen sollten aber vermieden werden. Einige Halter empfehlen die Überwinterung in einer gut durchlüfteten, leicht feuchten Überwinterungsbox, die an einem kühleren Ort mit optimalen Überwinterungstemperaturen untergebracht werden kann.
Gesunde Tiere verlieren während der Winterruhe nur sehr wenig bis gar keine Körpermasse. Als allgemeine Faustregel ist ein maximaler Körpermasseverlust von etwa 10 % während der Ruheperiode vertretbar. Bei auftretender Unsicherheit ist es durchaus möglich, die Tiere wöchentlich auf die Waage zu setzen, um die Gewichtsentwicklung zu beobachten, ohne dass sich die Tiere bei ihrer Winterruhe gestört fühlen.

Für die Winterruhe werden Verstecke aufgesucht. Manche Tiere schlafen einfach nur in Ecken oder auf ihrem Lieblingsplatz.

Ich kann aber nicht schlafen!

Egal welche Methode bevorzugt wird – es muss Rücksicht auf Tiere genommen werden, die gar nicht zur Ruhe kommen wollen oder die noch vor Beendigung der geplanten Ruhephase rege herumlaufen. Ein Tier, bei dem der Stoffwechsel auf Hochtouren läuft, wird während einer langen Fresspause stärker Körpermasse verlieren und kann letztendlich sterben, wenn es länger keine Nahrung zu sich nimmt. An dieser Stelle sollte der Versuch, das Tier in die Winterruhe zu überführen, abgebrochen werden. In einem anderen Terrarium darf es munter bleiben, während seine Mitbewohner die Pause nutzen können. Es sollte auf jeden Fall nach der Ursache gesucht werden. Oft sind die Überwinterungstemperaturen zu hoch, sie schwanken stark oder ein anderer Reiz für den Übergang in die Winterruhe war zu schwach.

Trächtigkeit und Winterruhe

Weibchen mit deutlichem Bauchumfang sollten vorerst die Eier abgelegt haben. Für eine Ruhephase ist es noch zu früh. Außerdem benötigen die Tiere nach der Ablage eine Erholungszeit von etwa 6–8 Wochen und sie müssen in ernährungstechnisch gutem Zustand sein. In diesem Zusammenhang wird deutlich, dass das langsame Herunterregulieren des Lichtes und der Temperatur von großem Vorteil ist. Die Weibchen haben so genug Zeit, die Eiproduktion einzustellen und sich langsam auf die Winterruhe vorzubereiten.

Tipp Winterruhe

- Vor dem Winterschlaf auf Innen- und Außenparasiten untersuchen und ggf. behandeln.
- Temperaturen schrittweise und naturnah senken.
- Rechtzeitig die Fütterungen reduzieren und schließlich ganz einstellen.
- Tiere ggf. zur Winterruhe trennen.

Aufwachen

Nach Ablauf der geplanten Zeitspanne werden wie bei der Vorbereitung auf die Winterruhe die Beleuchtungszeiten und die Temperaturen peu a peu wieder hochgefahren. Auf keinen Fall sollte bei ruhenden Tieren die Winterruhe abrupt abgebrochen werden. Erst wenn die Bartagamen wieder munter umherlaufen und sich unter den Wärmespot setzen, kann mit der Fütterung begonnen werden. Begonnen wird mit kleinen Mengen, damit sich der Magen-Darm-Trakt langsam wieder an die Verdauungsprozesse gewöhnen kann. Gelegentliche Bäder fördern zusätzlich die Flüssigkeitsaufnahme, sind aber bei ausgewogener Grünkost, optimaler Luftfeuchte von 40–60 % und einem gefüllten Wassernapf nicht unbedingt erforderlich.
Tiere, die aus der Winterruhe aufwachen, sind mitunter empfänglicher gegenüber Infektionen. Bestand bereits im Vorfeld ein Mangel an Vitaminen bzw. Mineralstoffen oder war das Tier geschwächt, so wird sich dieser Zustand nach der Ruhe bemerkbar ma-

Nur gesunde Tiere wie diese sollten eine Winter- oder Sommerruhe halten.

chen. Sehr oft treten Muskelzittern oder gar Lähmungserscheinungen der Gliedmaße aufgrund von Kalziummangel auf (s. S. 81f.). War das Immunsystem aufgrund einer Infektion geschwächt, war es zu feucht, unhygienisch, mangelte es an Frischluft oder war das Tier Zugluft ausgesetzt, erkranken die Bartagamen oft an einer Lungenentzündung.

Eine während der Winterruhe geschwächte Bartagame besitzt beispielsweise eingefallene Augen, hat stark an Körpermasse verloren, erscheint abgemagert mit deutlich hervorstehendem Beckenknochen und die Maulschleimhaut ist blass. Bei fehlernährten, vor allem bei adipösen, Tieren, macht sich die vorliegende Lebererkrankung nach der Winterruhe bemerkbar.

Die Sommerruhe

Auch während der wärmeren Saison kann es beispielsweise durch Wetterschwankungen, durch zu heiße oder kühle Temperaturen zu einer Art Ruhephase kommen. Die Tiere ziehen sich für einige Tage bis wenige Wochen zurück. Dem Tier kann dieser Rückzug gewährt werden. Allerdings sollten eine suboptimale Haltung oder Fütterung, eine Erkrankung, ein Parasitenbefall, unzumutbarer Stress durch den Geschlechtspartner oder ein anderes dominantes Tier als Ursachen ausgeschlossen werden. Primär sollten die Lichtverhältnisse überprüft werden. Meist wirkt sich eine Steigerung der Lichtintensität bereits positiv auf das Verhalten aus.

Fütterung

Bartagamen sind omnivor, d. h., sie ernähren sich von tierischer und pflanzlicher Nahrung, wobei bei Jungtieren der tierische Anteil überwiegt. Die Energie des aufgenommenen Futters wird wie bei allen ektothermen Tieren primär in Wachstumsleistung umgesetzt, da der Wärmehaushalt über die Umgebungstemperatur reguliert wird. Je nach Alter, Kondition und Leistung der Tiere muss das immer abwechslungsreiche Nahrungsangebot individuell zusammengestellt werden. Das Futter versorgt die Bartagame mit allen wichtigen Grundbausteinen, wie Wasser, Kohlenhydraten, Eiweiß, Fetten, Rohfaser, Vitaminen, Mineralstoffen und Enzymen. Nur wenn alle notwendigen Nahrungsbestandteile in genügendem Maße aufgenommen werden, kann sich das Tier optimal entwickeln. Der Erfolg einer ausgewogenen und abwechslungsreichen Fütterung ist außerdem abhängig von den Haltungsbedingungen. Die Verstoffwechslung der Nährstoffe basiert auf sehr komplexen Wechselwirkungen zwischen Mineralstoffen und Vitaminen auf der einen und der ausreichenden UV-B-Licht- und Wärmeversorgung auf der anderen Seite. Fehlt auch nur ein Baustein können wichtige Stoffwechselprozesse nicht ablaufen. Am Anfang der Futterverwertung steht jedoch die Futteraufnahme selbst. Bereits an dieser Stelle sind Haltungsfaktoren wie ausreichend Helligkeit, UV-B-Licht oder am besten natürliches Sonnenlicht essentiell, um für ein gutes Fressverhalten zu sorgen. Gefüttert wird am besten zur Hauptaktivitätszeit, also vormittags bis zum frühen Nachmittag, damit die aufgenommene Nahrung ausreichend verdaut werden kann. Eine optimale Verdauung und Verstoffwechslung des Futters funktioniert nur bei „Betriebstemperatur". Demzufolge sollte der Wärmespot noch einige Stunden nach der Fütterung zur Verfügung stehen.

Bartagamen fressen alles, dabei ist eine ausgewogene Ernährung lebenswichtig für sie.

Verdauung und Kotabsatz

Für ihre Verdauung benötigen Bartagamen futterabhängig mehrere (etwa 5–12) Tage. Der Kotabsatz über die Kloake kann bei Jungtieren mehrmals täglich, bei erwachsenen Tieren etwa einmal täglich bis zu ein- bis zweimal wöchentlich erfolgen. Mit dem Kot wird auch die Harnsäure, eine weiße, geformte Masse abgesetzt. Häufigkeit und Konsistenz der Ausscheidungen sind individuell sehr verschieden und richten sich vor allem nach der Haltungstemperatur, der Fütterungsfrequenz und der Futterzusammensetzung. Sehr flüssigkeitshaltige, ballaststoffreiche Grünkost erhöht beispielsweise die Ausscheidungsfrequenz. Durch proteinreiche Insekten oder flüssigkeitsarmes Futter wiederum verlängert sich das Intervall. Auch die Luftfeuchte, Bewegungsintensität, Stress und andere Haltungsbedingungen wirken sich auf die Verstoffwechslung des Futters aus. Besonders wichtig für den Verdauungsvorgang ist eine optimale Haltungstemperatur von etwa 25–30 °C mit Spitzenwerten von 45–50 °C unter dem Spot. Wird die optimale Verdauungstemperatur nicht erreicht, verlangsamt sich der Verdauungsvorgang um bis zu 50 %. Die Nahrung kann dann nicht ausreichend verwertet werden, der Energiegewinn ist geringer, folglich sinken Aktivität und Nahrungsaufnahme. Im Gegensatz dazu regen permanent hohe Temperaturen den Energiestoffwechsel und -bedarf an. Bekommt das Tier nun zu wenig Futter, magert es zusehends ab.

Tierische Nahrung

Im Laufe des Bartagamenlebens verändert sich die Zusammensetzung des Futters. Jungtiere benötigen etwa 50–70 % tierisches Futter, um den Proteinbedarf für die enorme Wachstumsleistung im ersten Lebensjahr zu decken. Dazu eignen sich die energiereichen, leicht verdaulichen Insekten sehr gut. Bei erwachsenen Bartagamen macht die Insektenfütterung lediglich etwa 30–40 % aus.

Tipp Ernährungzustand

Bei gut ernährten Bartagamen sollten die Beckenknochen nicht deutlich zu sehen sein, aber es darf sich auch kein Fettschwanz oder ein dicker, hängender Bauch abzeichnen. Das Tier muss in der Lage sein, ohne Schwierigkeiten zu laufen und zu klettern.

Um mehr Abwechslung in das relativ triste Terrariendasein einer Bartagame zu bringen, sollten die Futtertiere in ihrer Art variieren. Gut im Handel erhältlich sind Schaben, Heuschrecken, Kurzflügelgrillen, Zweifleckgrillen, Steppengrillen, Heimchen, Wachsmotten, Tebo Raupen, Waffenfliegenmaden (Phönix-Würmer), Getreideschimmelkäferlarven, Mehlwürmer, deren Käfer und Zophobas. Regenwürmer aus dem Anglerbedarf eignen sich wegen ihres hohen Kalziumgehaltes gut als gelegentliches Beifutter. Gleiches gilt für Achatschneckennachzuchten passender Größe.

Die Würmer werden einzeln von der Pinzette gereicht, da ihnen sonst sehr viel Sand anhaftet. Auch wenn sich teilweise der Nährwert der verschiedenen Futtertiere nur geringfügig unterscheidet, bietet möglichst abwechslungsreiche Insektennahrung doch der Bartagame unterschiedliche Reize hinsichtlich des Aussehens, der Bewegung und fordert unterschiedliches Geschick im Fangen der Beute. Nicht zuletzt lässt es sich so vermeiden, dass sich Futterspezialisten entwickeln, die nur auf ein und dasselbe Futter angewiesen sind. In Untersuchungen wurde zudem beobachtet, dass sich die Kau-

und Zungenbewegung sowie der Verdauungsvorgang bei den verschiedenen Insekten unterscheiden.
Die ideale nährstoffreiche Grundkost stellen Heimchen und Grillen sowie Heuschrecken und Schaben dar. Als ideale Ergänzung eignen sich Phönix-Würmer oder Zophobas. Seltener sollten Mehlwürmer und Wachsmottenlarven wegen ihres höheren Fettgehaltes angeboten werden. Die Käfer der Zophobaslarven werden aufgrund ihres übelriechenden Ausscheidungssekretes oftmals verschmäht.
In Freilandhaltung werden unter anderem gerne Schnecken, Grashüpfer, Spinnen, Asseln, Fliegen, Käfer und Regenwürmer gefressen. Generell bietet sich das gesamte Sortiment, das sogenannte Wiesenplankton, als Nahrungsquelle an. Die mit dem Kescher im Freien gefangenen Insekten zeichnen sich durch ihre abwechslungsreiche natürliche Ernährung wiederum als optimale Mineralstoff- und Vitaminversorger aus. Sie verfügen durch die aufgenommene Grünkost bereits über Vitamin D-Vorstufen, die von der Bartagame effektiv verwertet werden können. Die Gefahr einer Parasiteninfektion ist vor allem wegen der hohen Wirtsspezifität der meisten Reptilienparasiten als gering einzuschätzen. Bartagamen und dementsprechend auch ihre Parasiten, zählen nun mal nicht zur heimischen Lebewelt. Gesunde Insekten finden sich auf naturbelassenen Wiesen, fernab von viel befahrenen Straßen. Praktisch zum Sammeln von nachtaktiven Insekten sind Lichtfallen. Vorsicht: Geschützte Insekten nicht fangen!

Tipp „Starke" Insekten

Im Übermaß gefüttert können chitinhaltige Mehlwürmer und Zophobas zu Verstopfungen führen. Die messerscharfen Mundwerkzeuge der Larven oder die Sprungbeine adulter Heuschrecken können Schnittwunden verursachen.

Insekten aufbewahren

Bis zu ihrer Verfütterung werden die Insekten sauber gehalten und abwechslungsreich gefüttert. Heuschrecken lassen sich gut in verschlossenen, aber gut durchlüfteten Behältern aufbewahren. Sie mögen es mindestens 30 °C

Wanderheuschrecken stellen für die Agame eine besondere Herausforderung beim Fangen dar, brauchen aber viel Raum in der Hälterung.

warm und es sollte bei längerer Haltung eine Lichtquelle installiert werden. Zum Sitzen eignet sich Drahtgaze oder hoch eingefülltes Heu. Wüstenheuschrecken bevorzugen eher krautige Pflanzen und Laub, z. B. Brombeerblätter. Die europäischen Wanderheuschrecken fressen lieber Gräser, Weizenkeimlinge, Löwenzahn, Salat und Karotte oder Zucchini. Trockenfutter , wie Hunde-, Hafer- oder Weizenkeimflocken, sollte immer zusätzlich angeboten werden. Gelegentliches Sprühen stellt die Flüssigkeitsversorgung sicher. Mehlwürmer begnügen sich mit Hafer- oder Weizenflocken. Heimchen, Grillen und Argentinischen Waldschaben wird neben insektizidfreiem Gemüse – wie geriebener Karotte, Zucchini und gelegentlich Apfel – auch Fischfutter sowie Hunde-, Hafer- oder Weizenkeimflocken angeboten. Ein mit Wasser getränktes Schwämmchen oder eine kleine flache Schüssel Wasser stellt die Flüssigkeitsversorgung sicher. Alternativ kann das sogenannte Watergel verwendet werden oder es steht täglich saftiges Grün auf dem Speiseplan. Als Verstecke bieten sich Eierkartons an. Verschimmeltes Futter ist zu beseitigen. Als Bodengrund eignet sich neben Zellstoff auch Erde oder Sand. Sind die Kunststoffboxen hoch genug, ist keine Abdeckung vonnöten. Allerdings könnten adulte Grillen, Heimchen oder Schaben fliegend entkommen, daher sollte bei ausgewachsenen Insekten besser ein Deckel aufliegen. Im Gegensatz zu Argentinischen Waldschaben können andere Schabenarten glatte Oberflächen überwinden – ein gut abgeschlossenes Gefäß ist dringend notwendig. Entkommene Futtertiere können mit Heimchenfallen aus dem Zoohandel gefangen werden. Für eine erfolgreiche Fortpflanzung ist es in den meisten Räumen zu kalt und zu trocken. Ideal wird es allerdings in der Küche hinter dem Einbauschrank – in feuchteren, wärmeren Ecken, wo es auch noch genug Speisereste zu finden gibt. Hinter den Terrarienrückwänden versteckte Insekten sind nachts auf der Suche nach Futter und Wasser. Oft fallen die Insekten in die Wasserschüssel und ertrinken, wenn diese tief genug ist und die glatten Ränder ein Entkommen verhindern. Bewegungsärmer als Heimchen sind Steppengrillen, die sich besonders für Anfänger eignen, bis man sich ein sicheres Verfütterungsregime angeeignet hat. Um sehr agile Insekten etwas zur Ruhe zu bringen, können die sich in der Heimchenbox befindlichen Insekten kurz in den Kühlschrank gestellt werden. Anschließend sollten sie aber umgehend verfüttert werden.
Die Insekten müssen übrigens außerhalb der Sichtweite der Echsen untergebracht sein, da die Bartagamen nicht zur Ruhe kommen, solange sich ihr Futter vor ihnen hin- und herbewegt.

Argentinische Waldschaben laufen keine glatten Oberflächen hinauf und können daher sicher verwahrt werden.

Futtermenge und -bedarf

Um Verletzungen zu vermeiden bzw. eine gute Verdauung zu gewährleisten, sollten verhältnismäßig mehr kleinere als wenige große Insekten verfüttert werden. Adulte Heuschrecken werden zwar gejagt und verschlungen, sind aber nicht empfehlenswert. Oft beobachtete Todesfälle oder Lähmungen der Hintergliedmaßen werden häufig in Zusammenhang mit der Verfütterung zu großer Insekten gebracht. Am einfachsten ist es, sich an der Maulbreite des Tieres zu orientieren. Das Futtertier sollte nicht länger sein, als das Maul der Bartagame breit ist.

Über die Futtermenge wird immer wieder kontrovers diskutiert. Da viele Terrarientiere unter Bewegungsmangel leiden, neigen sie zur Verfettung. Bei Lebendfutter kennen die meisten Bartagamen keine Grenzen, deshalb sollte es im Gegensatz zur pflanzlichen Kost ab einer gewissen Entwicklungsgröße limitiert werden.

Die Futtertiere sollten nicht größer sein, als das Maul breit ist.

Tipp Insekten aus dem Napf

Um das Entkommen der Insekten während der Fütterung zu vermeiden, können hochrandige Futternäpfe benutzt werden, in denen die Insekten ausbruchssicher herumlaufen können, bis die Bartagame sie verzehrt hat. Ein weiterer positiver Nebeneffekt ist, dass eine Sandaufnahme während der Insektenjagd vermieden wird.

Die fressgierigen Schlüpflinge dagegen sollten unbedingt drei- bis viermal täglich Insekten in passender Größe (mikro bis klein) erhalten. Ab einem Lebensalter von etwa vier Monaten kann die Fütterungsfrequenz reduziert werden. Dann genügt ein- bis zweimal täglich Insektenkost. Ab dem 6. Monat wird nur noch alle zwei Tage tierisches Futter verabreicht und bei erwachsenen Tieren ab dem 12. Monat empfiehlt sich eine Insektenfütterung nur noch alle zwei bis drei Tage. Meine adulten Tiere erhalten pro Fütterung etwa fünf bis sieben große Heimchen oder Grillen.

Bei diesen Vorschlägen handelt es sich lediglich um Richtwerte. Die tatsächlich benötigte Portion muss individuell ermittelt und gegebenenfalls erhöht bzw. verringert werden, dazu wird der Ernährungszustand beurteilt: Bei abgemagerten Tieren stehen die Sitzbeinknochen deutlich hervor und der Schwanzansatz ist sehr schmal. In diesem Fall muss mehr Nahrung angeboten werden. Ist der Schwanz im Bereich der Schwanzwurzel dagegen sehr prominent und sind die Sitzbeinhöcker nicht mehr zu sehen bzw. nicht mehr deutlich tastbar, sodass der Schwanz nicht mehr angehoben werden kann und das Tier träge und schwerfällig wirkt, muss die Ration gekürzt werden. Während der Fütterung muss das Tier genau beobachtet werden. Jagt es langsamer, ist es auf einmal weniger am Futter interessiert oder atmet es angestrengt, da der Bauch schon zu voll ist, sollte die Fütterung sofort eingestellt werden. Andere Autoren empfehlen die Zeit der Insektenfütterung generell auf eine Dauer von etwa zehn Minuten zu beschränken. Alles was innerhalb dieser Zeitspanne nicht aufgefressen worden ist, ist zu viel.

Insekten verfüttern

Insekten sind generell arm an Kalzium (s. Tabelle S. 76). Außerdem sind die Futtertiere, so sie nicht frisch vom Züchter gekauft und verfüttert werden, durch das lange Herumstehen im Zoohandel bereits ausgehungert. Deshalb sollte ihr Nährwert durch hochwertige Pflanzennahrung und durch das Bestäuben mit einem geeigneten Vitamin- und Mineralstoffpulver aufgewertet werden! Vor dem Verfüttern werden sie in einer mit Pulver gefüllten Plastikbox geschüttelt. Zur Aufwertung des Kalzium- oder Vitamingehaltes kann ihnen auch ein bis zwei Tage vor dem Verfüttern ein spezielles Nährstoffsubstrat (z. B. Korvimin) angeboten werden. Das Korviminpulver wird mit Wasser zu einem Brei verrührt und das andere Insektenfutter wird dafür entfernt. Mit diesem Verfahren, dem sogenannten „Gut loading“ lässt sich der Nährwert der Insekten innerhalb kürzester Zeit optimieren.
Sind mehrere Bartagamen vorhanden, können sie in einer Extrabox mit hohen Wänden oder in einem Extraterrarium gefüttert werden. Dazu werden die Tiere am besten nacheinander hineingesetzt und ihre Portion Futter dazugegeben. So kann die Futteraufnahme kontrolliert werden und das Tier in Ruhe fressen.

Kleinsäuger und Fertignahrung

Eine ausschließliche Insektenfütterung deckt den Bedarf an Proteinen weitgehend, außerdem neigen Bartagamen unter Mäusefütterung sehr schnell zum Verfetten. Frisch geborene, ungesäugte Mäusebabys besitzen dazu ein relativ schlechtes Kalzium/Phosphor-Verhältnis. Maximal einmal monatlich können ein bis zwei gesäugte Mäusebabys angeboten werden. Frostfutter muss gründlich aufgetaut werden, da sonst Magen-Darm-Entzündungen auftreten können.
Fertignahrung für Fleischfresser ist für Reptilien ungeeignet, da die Vitamin- und Mineralstoffgehalte über den Bedarf hinausgehen. Vor allem Vitamin D3 ist in einer Überdosis enthalten. Wachstums- und Skelettstörungen sind die Folge.
Dosen- und Trockenfutter für Bartagamen kann gut als Alternative zur Insektenfütterung beispielsweise zur Überbrückung in der Urlaubszeit oder als Leckerli in der Salatmischung angeboten werden. Als Alleinfuttermittel ist das Futter nicht zu empfehlen.

Info Mineralgehalt Insekten

Es können keine einheitlichen Angaben zur chemischen Zusammensetzung der Insekten gemacht werden, da die Messwerte von zu vielen Faktoren abhängig sind. Es ist aber deutlich zu erkennen, dass der Fettgehalt der Würmer relativ hoch ist und dass der Mineralstoffanteil zu gering bzw. das Kalzium-Phosphor-Verhältnis aller Futtertiere ungünstig ist. Demzufolge ist die Aufwertung der Insekten mittels geeigneter Mineralstoff- und Vitaminpräparate unerlässlich. Im Sommer können den Insekten Kräuter als "Gut Loading" angeboten werden.

Pflanzenkost

Auch wenn sich Jungtiere während der intensiven Wachstumsphase zu einem großen Teil tierisch ernähren, muss Grünkost von Anfang an täglich auf dem Speiseplan stehen. Werden junge Bartagamen nicht an Pflanzenkost gewöhnt, kann Umstellung auf Grünes schwierig werden. Dazu befinden sich Schlüpflinge ständig auf Nahrungssuche. Werden sie nicht fündig, kommt es zum Kannibalismus (s. S. 132). Den Geschwisterchen werden in der Fressgier und der Annahme, es handele sich um ein bewegliches Insekt, Schwanz und Zehen abgebissen.

Insekt	Protein	Fett	Kalzium	Phosphor	Kalzium : Phosphor
Mehlwurm (*Tenebrio molitor*)	52,7 % (3)	32,8 % (3) 31,1 % (6)	0,11 % (3) 0,12 % (6)	0,99 % (3) 1,42 % (6)	0,1 : 1 0,1 : 1
Schwarzkäferlarve (*Zophobas morio*)	51,8 % (4)	40,8 % (6) 34,7 % (4)	0,15 % (6) 0,02 % (4)	0,24 % (6) 0,54 % (4)	0,6 : 1 0,04 : 1
Ägypt. Wanderheuschrecke (*Schistocerca gregaria*)	57,4 % (4)	33,0 % (4)	0,09 % (4)	0,50 % (4)	0,2 : 1
Steppengrille (*Gryllodes sigillatus*)	65 % (4)	23,7 % (4)	0,2 % (4)	0,73 % (4)	0,3 : 1
Phönixwürmer (*Hermetia illucens*)	12,50% (2)	13,20% (2)	1,05% (2)	0,26% (2)	4,0 : 1
Heimchen (*Acheta domesticus*)	64,9 % (3)	13,8 % (3) 22,8 % (adult, 6) 9,8 % (juv., 6)	0,14 % (3) 0,21 % (adult, 6) 1,29 % (juv., 6)	0,99 % (3) 0,78 % (adult, 6) 0,79 % (juv., 6)	0,1: 1 0,3 : 1 1,6 : 1
Wachsmotte (*Galleria melonella*)	42,3 % (4)	51,4 % (6)	0,06 % (6)	1,20 5 (6)	0,1 : 1
Maus 1–2 Tage	69,5 % (4)	18,5 % (4)	1,88 % (4)	1,54 % (4)	1,2 : 1
Maus 7–10 Tage	60,2 % (4)	25 % (4)	3,1 % (4)	2,14 % (4)	1,5 : 1
Maus adult	58,5 % (4)	30,5 % (4)	0,84 % (5)	0,61 % (5)	1,4 : 1

Mit Erreichen der Geschlechtsreife verlangsamt sich das Wachstum. Mit dem sinkenden Eiweißbedarf muss nun der Pflanzenanteil steigen. Der angebotene Salat sollte zu 80–90 % aus schadstoffunbelasteter, rohfaserreicher Blattkost bestehen.
Besonders wenn eine Bartagame aufgrund einer Erkrankung eine bestimmte Diät einhalten muss, ist es von großer Bedeutung, über die Inhaltsstoffe des Futters Bescheid zu wissen – siehe Tabelle S. 78. Eine Bartagame mit einer Nierenerkrankung bzw. ein unter Gicht leidendes Tier sollte vorwiegend eiweißarme Kost erhalten. Neben Reduzierung der Insektenkost sollten eiweißreiche junge Pflanzen wie Erbsen, Mais oder Weizenkeime gemieden werden. Kalziumunterversorgte Tiere werden z. B. mit Artischocke, Fenchelknolle, Brennnessel oder Löwenzahn gestärkt. In diesem Sinne ist weiterhin auf ein gutes Kalzium-Phosphor-Verhältnis der Pflanze zu achten. Pflanzen mit viel Oxalsäure, wie Sauerampfer, Mangold oder Rhabarber sollten bei Kalziummangel und bei Tieren mit Nierenerkrankungen nicht verfüttert werden: Oxalsäure bindet die Kalziumionen und das gebildete Kalziumoxalat kann in der Niere auskristallisieren und ihre Funktion zusätzlich beeinträchtigen. Adipöse Tiere wiederum werden fett- und kohlenhydratarm, aber ballaststoffreich ernährt. Hier eignen sich ausgewachsene Pflanzen mit einem hohen Ballaststoffanteil.

Ein bunter Salat wird gerne angenommen.

Info Pflanzeninhaltsstoffe

Die Zusammensetzung einer einzelnen Pflanze ist standortbedingt und abhängig von der Dauer und Art der Lagerung und der Pflanzenreife. Im Kühlregal verliert Gemüse schnell an Substanz. Junge Pflanzen enthalten mehr Eiweiß, während reifere Pflanzen proteinärmer, dafür aber reicher an Ballaststoffen sind. Bei Keimlingen sind die meisten Nährstoffe noch im Samen gespeichert, während die Nährstoffe im Herbst bereits wieder in die Wurzel zurücktransportiert werden. Der Nährstoffgehalt der Pflanzen ist weiterhin abhängig von der Qualität des Bodens. Die Inhaltsstoffe (Mittelwerte) sind pro 100 g der Pflanzen-, Gemüse- und Obstart angegeben. Grau unterlegt sind besonders hohe oder niedrige Konzentrationen einzelner Inhaltsstoffe. Grün markiert sind die für Bartagamen besonders günstigen Werte.

Pflanzenart	Kalzium (mg)	Phosphor (mg)	Kalzium: Phosphor	Fett (g)	Kohlenhydrate (g)	Ballaststoffe (g)	Eiweiß (g)
Kräuter, Salate, Gräser							
Brunnenkresse	180	64	2,8:1	0,3	2	1,5	1,6
Brennnessel	713	138	5,2:1	0,6	1,3	3,1	7,4
Petersilie	179	87	2,1:1	0,4	7,4	4,3	4,4
Spitzwegerich	248	63	3,9:1	0,4	1,6	-	2,2
Endivie	54	54	1,0:1	0,2	1,2	1,2	1,8
Grünkohl	212	87	2,4:1	0,9	2,5	4,2	4,3
Kopfsalat	22	23	1,0:1	0,2	1,1	1,4	1,2
Feldsalat	35	49	0,7:1	0,4	0,8	1,5	1,8
Löwenzahn	165	67	2,5:1	0,6	2,4	3	2,9
Rucola	160	-	-	0,7	2,1	1,6	2,6
Spinat	248	63	3,9:1	0,3	0,6	2,6	2,7
Sojasprossen	32	75	0,4:1	1	4,7	2,4	6,1
Weizenkeime	49	1022	0,05:1	9,2	30,6	17,7	28,7 (!)
Gemüse							
Karotte (Wurzel)	37	35	1,1:1	0,2	4,8	3,6	1
Zucchini	25	29	0,9:1	0,3	2,3	1,1	1,9
Mais	8,3	213	0,04:1	3,8	64,2	9,7	9,2
Gurke	16	17	0,9:1	0,2	1,8	0,5	0,6
Artischocke	53	130	0,4:1	0,1	2,6	10,8	2,4
Obst							
Banane	7	23	0,3:1	0,2	20	1,8	1,2
Papaya	21	16	1,3:1	0,1	7,1	1,9	0,5
Apfel	5,8	11	0,5:1	0,6	11,4	2	0,3
Himbeere	40	44	0,9:1	0,3	4,8	4,7	1,3
Feige	54	32	1,7:1	0,5	12,9	2	1,3

Günstig ist es, aus mindestens vier bis fünf verschiedenen Pflanzenfamilien einen Salat herzustellen. Besonders Wildkräuter besitzen ein sehr ausgewogenes Nährstoffverhältnis. Um die Pflanzenration bei Frischkostmangel aufzuwerten und auch generell, um den Ballaststoffanteil zu erhöhen, empfiehlt es sich, klein gehäckseltes Heu bzw. Wiesenkräuter oder die im Handel angebotenen Heucobs unter die vorhandene Grünkost zu mischen. Unter das Grün kann ab und an etwas Gemüse (max. 5–10 %) und nur sehr wenig Obst (maximal 5 %) gemixt werden. Eine dominierende Obstfütterung führt durch den Fruchtzucker zu Fehlgärung im Verdauungstrakt. Dies kann die Vermehrung von ungünstigen Bakterien und Pilzen im Darm fördern. Auf eine Obstfütterung könnte aus diesem Grund generell verzichtet werden. Genaue Angaben über die Mengenverhältnisse, also den tatsächlichen Bedarf einer Bartagame gibt es noch nicht. Mit einer abwechslungsreichen Kost lassen sich aber die unterschiedlichen Gehalte der Vitamine, Mineralstoffe (Tabelle S. 78), Proteine und Ballaststoffe oder gar schädliche Stoffe wie Oxalsäure, Pestizide oder Nitrat wieder ausgleichen. Zudem gibt es mit täglich wechselnden Zutaten einen neuen Futteranreiz. Auch bisher verschmähtes Grün sollte immer wieder angeboten werden, da die Vorliebe für ein bestimmtes Futter abhängig sein kann von der Jahreszeit oder dem hormonellen Zyklus. „Von allem etwas, von keinem zu viel" sollte die Devise sein. Es gibt keine einzelne Pflanze, die optimal ist – auf die Mischung, die sinnvolle Zusammenstellung der Pflanzenarten kommt es also letztendlich an!

Damit sich die Tiere ausreichend am Salatbuffet bedienen, wird das Grün einige Stunden vor der Insektenfütterung angeboten. Sehr ansprechend für Bartagamen sind bunte Farbtupfer im Futternapf, die durch zahlreiche genießbare Blüten geschaffen werden können.

Futterpflanzen

Blätter: Ackerstiefmütterchen, Ackerwinde, Artischocke, Basilikum, Bohne, Borretsch, Breit- und Spitzwegerich, Brennnessel, Brombeere, Chicorée, Dill, Distel, Endivie, Erdbeere, Feldsalat, Fingerkraut (Blutwurz), Frauenmantel, Gänseblümchen, Gänsedistel, Grünkohl, Habichtskraut, Hagebutte, Hibiskus, Himbeere, Hirtentäschel, Huflattich, Kamille, Kerbel, Kresse, Liebstöckel, Löwenzahn, Lungenkraut,

Praxis Grünfutter im Winter

Wenn aus besonderen Gründen keine Winterruhe gehalten wird, sollten Sie darauf achten:
Bioprodukte verwenden.
Besonders auf die Mineralstoff- und Vitaminsubstitution achten.
Um den Rohfasergehalt von Gewächshaussalat zu erhöhen, klein gehäckseltes Heu, Kräuterpellets oder pulverisierte Kräuterzusätze (Critical care) beimischen.
Aufgetaute Tiefkühl-Kräuter oder Getreidekeimlinge aus dem Keimgerät geben frische Power.

Löwenzahn und Spitzwegerich sind gute Futterpflanzen.

Luzerne, Margerite, März-Veilchen, Möhrengrün, Paprika, Petersilie, Petunien, Portulak, Radicchio, Ringelblume, Robinie, Romana-Salat, Rosenblüten, Rosenkohl, Rosmarin, Rucola, Schafgarbe, Schaumkraut, Sellerie, Sojasprossen, Spinat, Taubnessel, Vogelknöterich, Vogelmiere, Wegwarte, Wein, Wicke, Wiesenknopf, Wilde Malve, Zaunwinde, Zitronenmelisse.

Blüten: Kamille, Veilchen, Löwenzahn, Gänseblümchen, Ringelblume, Kapuzinerkresse, Wiesen- und Ackerglockenblume, Hibiskus, Rose, Apfel, Birne, Kirsche.

Gemüse: Grob geriebene Zucchini, fein geriebene Karotte, Paprika, Gurke, Gemüsekürbis.

Obst: Generell sollte nur sehr wenig, am besten gar kein, Obst gegeben werden. Verfüttert werden können: milder Apfel ohne Kerne, Birne, Feige, Melone, Himbeere, Brombeere, Heidelbeere, Papaya, Banane, Kirsche, Traube, Pflaume.

Blütenpollen: Verschiedene Aminosäuren sowie Vitamin- und Mineralstoffe sind in Blütenpollen enthalten. Diese können beispielsweise ab und an über die Sepiabrocken oder den Salat gestreut werden.

Info Vorsicht bei ...

- Rhabarber, Beinwell, Sauerklee, Ampfer, überreifem Löwenzahn und Spinat – enthalten Oxalsäure
- Tomaten, Kartoffeln – grüne Pflanzenteile sind giftig
- Zwiebelgewächsen, Kohl und Hülsenfrüchten – verursachen Blähungen und sind z. T. giftig
- Blattsalaten, z. B. Kopf- und Eisbergsalat – nährwertarm und nitratreich
- Avocado – z. T. Vergiftungserscheinungen bei anderen Tierarten beschrieben
- Gerste – Verletzungsgefahr durch die Grannen

Mineralstoff-und Vitaminversorgung

Im Handel gibt es eine unübersichtliche Vielfalt von Pulvern, die gemäß Herstellerangaben allesamt geeignet sein sollen, den Mineralstoff- bzw. Vitaminbedarf einer Echse zu decken. Prinzipiell muss zwischen reinen Mineralstoffpulvern (Kalziumlaktat, Kalziumgluconat, Kalziumcarbonat, Kalziumcitrat, Sepiapulver ...) und Vitaminpulvern unterschieden werden. In den vitaminisierten Präparaten sind meistens auch Mineralstoffe zugesetzt. Diese sind allerdings nicht immer in ausreichender Menge enthalten. Aus diesem Grund empfiehlt es sich, das Vitaminpulver generell mit einem reinen Mineralstoffpräparat im Wechsel anzubieten. Im Sommer, bei abwechslungsreicher Kräuterkost, kann die Vitamindosierung etwas reduziert werden. Mineralstoffe (ohne Vitamin D3) sollten aber immer substituiert werden. Die Pulver werden etwa mit jeder zweiten bis dritten Fütterung verabreicht.

Mineralstoffe

Für ein gesundes Skelett ist die Kalziumversorgung von großer Bedeutung. Als Kalziummonopräparate empfiehlt sich zum Bestäuben der Insekten Sepiapulver bzw. Kalziumkarbonat- oder -zitratpulver. Am besten haftet Kalziumzitrat an den Futtertieren. Sepiaschulp besitzt ein gutes Kalzium/Phosphor-Verhältnis, weist aber ab und an einen hohen Salzgehalt auf. Daher ist es ratsam, verschiedene Kalziumpräparate vorrätig zu haben und diese im Wechsel anzuwenden. Damit die Bartagame einen Mineralstoffmangel selbstständig ausgleichen kann, muss zusätzlich immer ein Kalziummonopräparat ad libitum in einer Extraschüssel zur Verfügung stehen. Alternativ zum Sepiaschulp können auch Muschel- oder Taubengrit als Mineralstoffquelle dienen. Um Verletzungen zu vermeiden, entfernt man scharfkantige Brocken, z. B. die Rückseite des Sepiaschulps. Alle anderen Mineralstoffmischprodukte sollten einerseits auf den absoluten Mineralstoffanteil und andererseits auf ihr Kalzium-Phosphor-Verhältnis überprüft werden. Das Verhältnis muss mindestens 2:1 besser 3–4:1 oder mehr betragen. Mehr Kalzium ist nicht bedenklich, wohl aber ein Phosphorüberschuss, der wiederum zu Kalziumverlust, erhöhtem Vitamin-D3-Bedarf und somit zu Knochenerkrankungen (s. S. 102) führen kann. Auch prinzipiell ausreichende Kalziummengen können bei einem Gesamtüberschuss von Phosphor in der Nahrung nicht verwertet werden, und das Tier kann trotz ausreichender Kalziumgabe schwere Kalzi-

Sepiaschulpbrocken lassen sich aus dem preiswerten Schulp selbst herstellen.

ummangelerscheinungen erleiden. Da die meisten Futterzusammensetzungen netto einen Phosphatüberschuss enthalten, muss mit den Mineralstoffzugaben sehr oft ein Defizit ausgeglichen werden und das ist nur dann möglich, wenn das Kalzium-Phosphor-Verhältnis in diesen Zusatzfuttermitteln deutlich über dem für eine ausgewogene Gesamternährung empfohlenen Wert von 1,5–2 liegt.
Eine Überdosis Kalzium ist nur bei gleichzeitiger Vitamin D3 Überdosierung überhaupt möglich. Kalzium allein wird durch bestimmte Regulationsmechanismen nur in benötigtem Maße aufgenommen – immer in Abhängigkeit zur UV-B-Bestrahlung und der daraus resultierenden Vitamin-D3-Konzentration. Während der Trächtigkeit benötigen die Weibchen für die Eischalenbildung besonders viel Kalzium. In dieser Zeit kann auch zusätzlich Kalziumlaktat (1 TL/250 ml Wasser) oder das besser lösliche und verträglichere Kalziumglukonat ins Bade- oder Trinkwasser gegeben werden.

Vitamine

Vitaminmangelzustände sind bei täglich frischer, abwechslungsreicher Gartengrünfütterung im Sommer, gut angefütterten Insekten und einer ausreichenden UV-B-Bestrahlung so gut wie ausgeschlossen. Im Winter aber müssen die nährwertarmen Supermarktsalate unbedingt aufgewertet werden. Für Bartagamen empfiehlt sich der Einsatz von Korvimin® ZVT + Reptil – einem altbewährten und in Züchter- und Tierärztekreisen empfohlenen Vitaminpräparat mit geringer Mineralstoffbeimengung. Die Dosierung ist einfach: Eine Messerspitze Korvimin wird in eine Heimchendose gegeben und die zu verfütternden Insekten dar-

Präparat	Kalzium (%)	Phosphor (%)	Kalzium:Phosphor	Vitamin D3	Vitamin A
Herpetal complete T	13	3,5	3,7 : 1	30.000 IE	185.000 IE
Herpetal Mineral + D3	23	0,03	767,0 : 1	30.000 IE	-
Herpetal F	13	3,5	3,7 : 1	16.666 IE	50.000 IE
Korvimin ZVT+Reptil	15	8,3	1,8 : 1	50.000 IE	500.000 IE
Dragon Dust VGF (T-Rex)	3	0,6	5,0 : 1	6000 IE	30.000 IE
Herbivit herbivor	20	5	4,0 : 1	150.000 IE	100.000 IE
Nekton MSA	23,7	18	1,3 : 1	10.000 IE	-
Nekton Rep	-	-	-	10.000 IE	6.600.000 IE
ZooMed Reptivite + D3	mind. 24,9	10,6		ca. 23.000 IE	220.000 IE
Vitacombex V	-	-	-	80.000 IE	1000.000 IE
Veyfo Multimulgat (ehem. Bioweyxin)	-	-	-	130.000 IE	15.000.000 IE

in geschüttelt. Die Anwendung erfolgt etwa zu jeder zweiten Fütterung – im Wechsel also mit einem reinen Mineralstoffpräparat, da die Mineralstoffe im Korviminpulver auf keinen Fall ausreichen.
Ausgehend von Korvimin wurde vor einigen Jahren ein in den meisten Punkten sehr ähnlich zusammengesetztes Vitamin-Mineralstoffpräparat, Herpetal Complete T, entwickelt. Im Vergleich zu Korvimin enthält Herpetal Complete T z. B. geringere Vitamin A-Mengen und besser bioverfügbare Kalziumsalze. Inzwischen liegen mehrjährige Erfahrungen mit diesem Produkt vor und es kann alternativ empfohlen werden. Mit Herpetal Mineral bzw. Herpetal Mineral plus D3 stehen zusätzlich reine Mineralstoffpräparate zur Verfügung, die einen hohen Kalziumanteil aufweisen und zudem fast völlig frei von Phosphor sind.

Dosierung

Bei den vielen weiteren Vitaminprodukten im Handel lohnt ein kritischer Blick auf die angegebenen Inhaltsstoffe und deren Menge (s. Tabelle S. 182). Am sichersten ist allerdings immer die Anwendung eines seit langem auf dem Markt vertretenen, erprobten Präparats mit Langzeiterfahrungen. Günstig ist es, speziell für Reptilien hergestellte Produkte zu verwenden, da die Vitamindosierungen für Vögel und Säuger höher liegen. Vitamintropfen (Vitacombex V®, Multimulgat®) werden sehr gerne empfohlen. Diese Tropfen müssen sehr genau nach Herstellerempfehlung dosiert werden und dürfen nicht wahllos täglich auf dem Speiseplan stehen. Oft ist v. a. Vitamin A in sehr hoher Konzentration enthalten, welches sich bei einer Überdosierung einerseits hemmend auf das Vitamin D3 auswirken kann und andererseits schwerwiegende Häutungsprobleme verursacht (s S. 106). Eine Vitamin A-Grenze von maximal 10.000 IE/kg Körpermasse und Woche sollte nicht überschritten werden.

Info Farbstoffzusätze

In einigen Produkten werden ß-Carotine bzw. Xanthine zugesetzt, um die Farbe der Tiere zu intensivieren. Es gibt jedoch noch keine systemische Untersuchung, die eine solche Wirkung bei Bartagamen bestätigt. Zudem hat sich herausgestellt, dass ß-Karotin, die Vorstufe des Vitamin A, nur sehr schlecht verwertet werden kann. Demzufolge ersetzt die Karottenfütterung auf keinen Fall die Vitamin-A Supplementierung!

Vitamin D3

In der Regel erhält das Tier ausreichend Vitamin D3 durch die Verfütterung wertvoller Pflanzenkost und durch das für die Verstoffwechslung notwendige UV-B-Licht. Sinnvoll ist die vorübergehende Verabreichung von hoch dosiertem Vitamin D3 bei bereits erkrankten, z. B. rachitischen Tieren (s. S. 102) oder bei Bartagamen, die aus gesundheitichen Gründen keinem UV-B-Licht ausgesetzt werden können. Die empfohlene wöchentliche Dosis liegt bei Reptilien bei etwa 100 IE/kg Körpermasse.
IE bedeutet „Internationale Einheiten“ und dient zur Beurteilung der Vitamine.

Sonderfälle der Fütterung

In der Eingewöhnungszeit oder nach dem Umsetzen bzw. nach einer neuen Gruppenzusammensetzung können Bartagamen stressbedingt die Futteraufnahme einstellen. In der Regel dauert es nur wenige Tage, bis sich die Tiere an die neuen Gegebenheiten gewöhnt haben. Hilfreich kann es sein, die dominanteren Tiere während der Fütterung vorerst zu entfernen. Andere Ursachen sind ungewohntes, neues Futter oder Erkrankungen, die abgeklärt werden müssen.

Salat wird verschmäht

Tiere, die nicht von Beginn an Grünes erhalten haben, sind meist schwer an Grünkost zu gewöhnen. Hier hat es sich bewährt, die Verweigerer mit gierig fressenden Salatliebhabern zu vergesellschaften. Durch aufkommenden Futterneid oder durch Nachahmung wird die Bereitschaft zur Futteraufnahme erhöht. Auch wenn Grünes gemieden wird, sollten immer wieder verschiedene Salate, v.a mit bunten Farbtupfern wie Blüten, geriebener Karotte etc. angeboten werden. Hilfreich kann es sein, die Insektenkost zu reduzieren oder über mehrere Tage auf Insekten zu verzichten, um das Hungergefühl zu verstärken. Werden Insekten per Pinzette verfüttert, können einzelne Salatblätter zusammen mit der Grille verabreicht werden. Generell ist es empfehlenswert, den Salat immer einige Stunden vor der Insektenfütterung anzubieten, damit der Hunger zur Aufnahme von Grünfutter verleitet. Für gutes Fressverhalten sorgen zusätzlich natürliches Sonnenlicht oder alternativ leistungsstarke Lampen, v. a. aber ausreichend UV-B-Strahlung.

Krankenkost

Hat die Bartagame bereits mehrere Tage kein Futter aufgenommen und ist sichtlich abgemagert, darf nur mit kleinen Mengen und leicht verdaulichem Futter begonnen werden, damit sich der Magen-Darm-Trakt an die wieder einsetzende Verdauungsarbeit gewöhnen kann. Ausgetrocknete Tiere bekommen anfänglich mehrere Glucose-Infusionen durch die Haut oder Elektrolyt-Glukose-Lösungen als Trinkkur verabreicht. Warme Bäder helfen zusätzlich, den Wasserhaushalt zu regulieren. So es sich nicht um eine Nierenerkrankung handelt, kann mit einer Flüssignahrung (Bioserin®) begonnen werden. Dieses proteinreiche Produkt wird drei- bis viermal täglich ins Maul getropft, etwa 0,1 ml pro 100 g Körpermasse. Als leicht verdaulicher, hochwertiger Anschlussbrei empfiehlt sich Aufbaunahrung für Fleischfresser (Royal canine Convalescence support®; Hills a/d®) oder besser noch eine Mischung aus dem Spezialfuttermittel Critical Care® (3 Teile) und Carnivore Care® (1 Teil). Vom Brei wird 0,5 bis 1 ml pro 100 g Körpermasse bis zu zweimal täglich verabreicht. Nach wenigen Tagen wird begonnen, dem Tier kleine Portionen Insekten ins Maul zu legen.

An Grünkost müssen Bartagamen von klein auf gewöhnt werden.

Bunte Farbtupfer im Salat regen den Appetit an.

Krankheiten erkennen und behandeln

Robust, aber anspruchsvoll

Bartagamen sind eigentlich relativ robuste Tiere und verzeihen durchaus kleine Fehler in der Pflege. Werden Bartagamen allerdings über einen längeren Zeitraum falsch gehalten, können sie ernsthaft erkranken. Ein großer Teil der Krankheiten ist immer wieder auf Fütterungs- und Haltungsfehler zurückzuführen. Disharmonie in der Gruppe und daraus resultierende Revierkämpfe und Unterdrückung belasten permanent das Immunsystem.
Aber auch unvermeidbare Stresssituationen, wie der Kauf des Tieres, der Transport und die Eingewöhnung in ein neues Zuhause, können jungen oder älteren Bartagamen gesundheitlich zusetzen.
Ein nicht zu unterschätzender Faktor in der Terrarienhaltung ist die tägliche Hygiene. In den künstlichen, kleinen Terrarienbiotopen kann ein hoher Infektionsdruck entstehen. Es ist außerdem zu bedenken, dass sich deutliche Krankheitsanzeichen erst im Endstadium der Krankheit oder bei einem Massenbefall bemerkbar machen. Die deshalb relativ spät einsetzende Therapie kann unter Umständen nicht mehr zum gewünschten Erfolg führen. Umso wichtiger ist es, die Körpermasse etwa wöchentlich und den Kot zwei Mal jährlich, mindestens aber einmal im Jahr sechs bis acht Wochen vor der Winterruhe, zu bestimmen bzw. untersuchen zu lassen. Damit ist der Parasitenbefall gut zu kontrollieren und es lässt sich einschätzen, ob es notwendig sein wird, eine Therapie einzuleiten. Dabei ist es wichtig, harmlose Parasiten von krank machenden Erregern zu unterscheiden.

Eine Außenhaltung kann das Immunsystem stärken.

Von prophylaktischen „Entwurmungen" ist abzuraten, da jede Verabreichung Stress bedeutet und jedes Medikament Nebenwirkungen hat und somit unnötig das Immunsystem sowie Leber und Nieren belastet. Die verschiedenen Endoparasiten, die für Bartagamen relevant sind, müssen jeweils durch andere Medikamente beseitigt werden. Wird prophylaktisch nur gegen einen speziellen Parasiten behandelt, können sich unkontrolliert die ande-ren Parasiten vermehren und dem Tier durch das entstandene Ungleichgewicht ernsthaften Schaden zufügen.

Diese Bartagame krümmt vor Schmerzen ihren Rücken. Ihr Körper wirkt aufgebläht.

Kranke Tiere erkennen

Alle vom gesunden Erscheinungsbild (s. S. 54) abweichenden Auffälligkeiten können krankheitsbedingt sein: Bartagamen, die sich nicht wohlfühlen, wirken apathisch, sind abgemagert und ziehen sich in Verstecke oder Höhlen zurück. Sie sind die meiste Zeit dunkel gefärbt, fressen nicht oder nur auffällig wenig oder haben bereits stark abgenommen. Eine verkrampfte Körperhaltung kann auf Schmerzen hinweisen. Die in Falten gelegte Haut weist auf Flüssigkeitsmangel hin. Krank erscheinende Tiere sollten umgehend einzeln gehalten werden. Können Haltungsfehler oder Stress durch Partnertiere weitgehend als Ursache ausgeschlossen werden, bleibt nur der Gang zum Tierarzt. Eine frische Kotprobe und die notierten Werte der Gewichtsentwicklung der letzten Wochen sollten zur Untersuchung gleich mitgenommen werden.

Kranke Agamen ziehen sich zurück und sind teilnahmslos.

Kurzübersicht Krankheitszeichen

Symptome	Ursachen	Siehe Seite ...
Permanente Dunkelverfärbung	Stress (Partnertiere, Umfeld), Krankheit, zu kühle Haltungstemperatur.	50f.
Maulatmung	physiologische Temperaturregulierung, Überhitzung, Lungenentzündung, Schnupfen, Kiefertrauma, Verstopfung, Darmentzündung, Fremdkörper ...	110
Apathie	Stress, suboptimale Temperatur- oder Lichtverhältnisse, sonstige Haltungs- oder Fütterungsfehler, Krankheit.	96f.
Futterverweigerung	Winterruhe, Zeit der Eiablage, Stress (Partnertiere, unruhige oder neue Umgebung), Krankheit, suboptimale Haltungstemperaturen, ungeeignetes Futter, ev. Futterspezialist.	64
Maulschleimhautentzündung	Verletzung durch Futtertier, Infektion.	112
Breiig-wässriger Durchfall	Futterbedingt (flüssigkeitsreiche Salate), Endoparasiten, Stress, Bakterien, Medikamentennebenwirkung.	112f.
Blutiger Durchfall	Kokzidien, Flagellaten, bakterielle Darmentzündung, Verletzung.	96f.
Verstopfung (Koprostase)	Bewegungsmangel, Sand- oder Fremdkörperverstopfung, zu große Menge an chitinhaltigen Insekten, zu rohfaserreiche Kost, Flüssigkeitsmangel, Kalziummangel.	112f.
Schleimiger Kot	Endoparasiten.	96
Aufgetriebener Bauch	Endoparasiten, Verstopfung, Legenot, Blähung, Stress (Luftschlucken), Tumor, Abszesse, Fremdkörper, Magen-Darm-Entzündungen, Verfettung, Ödeme.	89, 112f.
Kloakenvorfall, Darmvorfall	Endoparasiten, Legenot, Verstopfung, Darmentzündung.	106f.
Legedarmvorfall	Legenot.	107
Legenot	Fehlende, ungeeignete Eiablageplätze, Mineralstoffmangel (v. a.Kalzium), Vitaminmangel (Vit. D3), Stress (Partner, Umgebung, Halter), suboptimale Haltungstemperaturen, deformierte, kaputte oder übergroße Eier, andere Grunderkrankung.	81, 108
Hemipenisvorfall	Entzündungsbedingt, Trauma beim Deckakt, starkes Pressen bei Verstopfung, Endoparasitenbefall.	109
Gliedmaßenzittern	Mineralstoffmangel (Kalzium), Vitaminmangel (Vitamin D, B), Trauma.	69, 81
Gliedmaßenlahmheit	Traumata (Brüche), Knochenentwicklungsstörungen, Mineralstoffmangel (Kalzium), Vitaminmangel (Vitamin D, B), Nervenentzündung, bakterielle Gelenksentzündung, Gelenksgicht. Lähmung Hintergliedmaße: Verstopfung (Insekten, Sand, Fremdkörper), Legenot, Wirbelsäulenfraktur.	102f.

Symptome	Ursachen	Siehe Seite ...
Umfangsvermehrte Gliedmaßen, Gelenke	MBD, Skelettfrakturen, Gelenkluxation, Abszesse (bakterielle Entzündung), Arthritis (Gelenksentzündung), Gicht, Ödeme.	102f.
Weiche, verformbare Kieferknochen „Gummikiefer“	MBD: Rachitis, Osteomalazie (Kalziummangel, Vitamin D-Mangel, UV-B-Lichtmangel).	102f.
Häutungsschwierigkeiten	Mangelnde Luftfeuchte, suboptimale Flüssigkeitsversorgung, Vitamin (A)-Mangel, Milben, innere Erkrankung, allgemeine Schwäche.	106
Schwarz gefärbte, eingetrocknete Zehen, Schwanzspitze	Trauma, Bissverletzung, Häutungsproblem, Verbrennungen (UV-Licht), Erkrankungen (Mykose, Bakterien), Gicht, Arterienverkalkung infolge Kalzium- und/oder Vitamin D 3-Überversorgung.	105, 114
Hautschwellungen	Abszess, Bluterguss (Trauma), Tumor, Ödem, Gicht.	104
Rote, kleine Punkte oder weiße Stippchen	Milben.	94
Borkige Krusten	Pilzbefall, Milben, Papillome.	100f.
Hautwunden	Verbrennung, Trauma, Bissverletzung, bakterielle Hautinfektion, Pilzbefall, Hypervitaminose A (schmierige Hautablösung).	105
Zugekniffene Augen	UV-B-Lichtüberdosierung, bakterielle Augenentzündung, Apathie, unterdrücktes Tier, Ablehnungsgeste.	111
Tränende, gerötete Augen	Fremdkörper, Bindehaut- oder Augenentzündung, UV-B-Lichtüberdosierung.	111
Augenschwellung	Abszess, entzündungsbedingt, UV-B-Lichtüberdosierung.	111
Scheibenlaufen	Hitzestau im Terrarium, Paarungszeit, Unterdrückung, Spiegeleffekt an den Scheiben, sich bewegende Objekte außerhalb des Terrariums, Hunger, Fütterungszeit, Legenot.	32f.

Gesunde Bartagame beim Freilauf im Garten.

Quarantäne und Desinfektion

Kranke Tiere oder Neuzugänge sollten nach Ankunft im neuen Heim, vor einer Gruppenzusammenführung oder vor dem Umzug in ein neues Terrarium vorerst mindestens 8–12 Wochen in Quarantäne gehalten werden. Am günstigsten befindet sich das Quarantäneterrarium in einem separaten Raum. Dies ist insbesondere von Bedeutung, wenn bereits Tiere vorhanden sind, die sich beim Neuzugang infizieren können. Während dieser Quarantänezeit können das Verhalten beobachtet, der Kot untersucht und der Gesundheitszustand genau beurteilt werden. Allein durch den Transportstress und die Umstellung auf eine neues zu Hause kann eine mitgebrachte latente, d. h. eine nicht erkennbare Erkrankung, ausbrechen. Das Material eines Quarantäneterrariums sollte widerstandsfähig und leicht zu reinigen sein. Glasterrarien mit einer überschaubaren Größe sind besonders empfehlenswert. Diese können problemlos mit geeigneten Desinfektionsmitteln behandelt werden.

Da Krankheitserreger vorwiegend über den Kot ausgeschieden werden und diese dann im Sandboden relativ unzugänglich sind, besteht der Bodengrund des Terrariums praktischerweise vorerst aus einer hygienischen, leicht austauschbaren Unterlage, wie Zeitungspapier oder Zellstoff. Die Druckerschwärze ist für die Tiere nicht bedenklich, da die Tiere das Papier weder fressen noch den ganzen Tag auf dem Papier sitzend verbringen. Kothaufen müssen unverzüglich mit dem Untergrund entfernt werden. In einem Quarantäneterrarium sollte es nur so wenig wie möglich Einrichtungsgegenstände (Sitzerhöhung, Trink- und Futterschale) geben. Diese sollten zudem ohne Aufwand zu reinigen sein und aus einem Material bestehen, dass sich ohne

Das Quarantäneterrarium wird minimalistisch eingerichtet: Leicht desinfizierbare Einrichtungsgegenstände und Zellstoff.

Probleme im Backofen hitzesterilisieren oder ggf. mit geeigneten Desinfektionsmitteln behandeln lässt. Alternativ können Äste aus dem Garten genutzt werden, die regelmäßig ausgewechselt werden. Viele Halter von Bartagamen nutzen auch Eierkartons als Sitzerhöhungen. Die Gefahr einer Salmonelleninfektion über den Karton sind sehr gering, aber nicht hundertprozentig ausgeschlossen. Der Trinknapf (z. B. Tonblumenuntersetzer) sollte groß genug gewählt werden, damit die Bartagame darin gelegentlich baden kann. Kotverschmutzte Näpfe sind umgehend zu reinigen und im Ofen auszubacken. Nicht angenommenes Futter sollte separat aufbewahrt, ggf. entsorgt und auch nicht anderen Tieren angeboten werden, da die Insekten Krankheitserreger übertragen können. Jedes Terrarium hat seine eigenen Reinigungsutensilien und Futternäpfe. Vor dem Wechsel zum nächsten Terrarium sind die Hände zu säubern oder es werden Handschuhe ausgetauscht.

Vor allem nach der Diagnose Parasitenbefall stellt sich dem Halter oft die Frage: Wie und vor allem wie effektiv muss bei der Säuberung des Terrariums und der Behandlung der Tiere vorgegangen werden. Im Internet finden sich unter hilfreichen Hinweisen aber auch Empfehlungen, die zu ernsthaften Schäden am Tier führen können. So ist beispielsweise eine Behandlung von Bartagamen mit Ölen oder Niemprodukten nicht anzuraten. Andere im Handel erhältliche Produkte erweisen sich wiederum als völlig wirkungslos. Welche Produkte in welcher Konzentration gegen welche Parasiten wirksam sind, muss ein Tierarzt entscheiden. Zu beachten sind zudem die unterschiedlichen Einwirkungszeiten und etwaige Wiederholungsbehandlungen. Reptilienkundige Tierärzte werden auf der Internetseite des DGHT (www.dght.de) präsentiert.

Grundsätzlich gilt: Die Sterilisations- oder Desinfektionsmethode muss dem jeweils zu beseitigenden Parasiten angepasst werden. Sie sollte so tier-, menschen- und umweltschonend, aber auch so effektiv wie möglich sein. Eine thermische Behandlung (Sauna, Backofen) des Terrariums und des Inventars ist einer chemischen Desinfektion vorzuziehen. Diese ist aber nicht für jeden Halter praktikabel und beschränkt sich auf robuste, hitzebeständige Terrarientypen und Einrichtungsgegenstände. Effektiv sind Temperaturen von etwa 120 °C für etwa 30 Minuten. Die Anwendung einer Dampfente oder eines Heißluftföns ist mit großem Zeitaufwand verbunden, da jeder Flächenzentimeter so nah wie möglich einige Sekunden lang erhitzt werden sollte. Sie erfüllt daher ihren primären Zweck im Sinne einer Grund- oder Nachreinigung.

Die zu desinfizierenden Flächen müssen sauber und trocken sein, damit das Desinfektionsmittel angreifen und wirken kann. Alle Rückstände müssen nach der Desinfektion gründlich durch Auswaschen und Lüften entfernt werden. Alle Einrichtungsgegenstände, so sie nicht gründlich desinfiziert oder hitzebehandelt werden können, sollten ausgetauscht und entsorgt werden. Teurer Lehmbodensand kann unter Umständen ebenfalls im Ofen behandelt werden.

Außenparasiten

Milben

Bei den auf Bartagamen vorkommenden Milben handelt es sich am häufigsten um die Rote Blutmilbe, auch Schlangenmilbe genannt, oder seltener auch um die orangefarbene pterygosomide Echsenmilbe. Schlangenmilben können auch auf den Menschen übergehen und neben Juckreiz und Pustelbildung im schlimmsten Fall auch eine Blutvergiftung durch eine Bakterienübertragung verursachen.
Milben können durch Futtermittel, Terrarieninventar, Bodengrund oder Neuzukäufe eingeschleppt werden. Befallene Tiere sind aufgrund der Hautirritationen unruhig, kratzen sich häufig oder fallen durch Häutungsprobleme und Blutarmut auf. Erkennbar als kleine, dunkle, bis zu einem Millimeter große Punkte unter den Schuppen, bevorzugen sie durch Falten geschützte, dünnere Hautstellen v. a. im Zehen-, Augen-, Trommelfell-, Kloaken- oder Achselbereich. Bei starkem Befall schwimmen sie in den Wasserschüsseln, die von den erkrankten Bartagamen gerne aufgesucht werden. Bei den weißen Stippchen auf dem Schuppenkleid handelt es sich um Exkremente der Milben. Die Milben legen ihre Eier in geschützten Bereichen im Terrarium ab. Innerhalb von etwa ein bis zwei Wochen entwickeln sich über Larven und Nymphen neue vermehrungsfähige Schlangenmilben. Pterygosomide Milben benötigen für diese Entwicklung etwa zwei bis drei Monate.

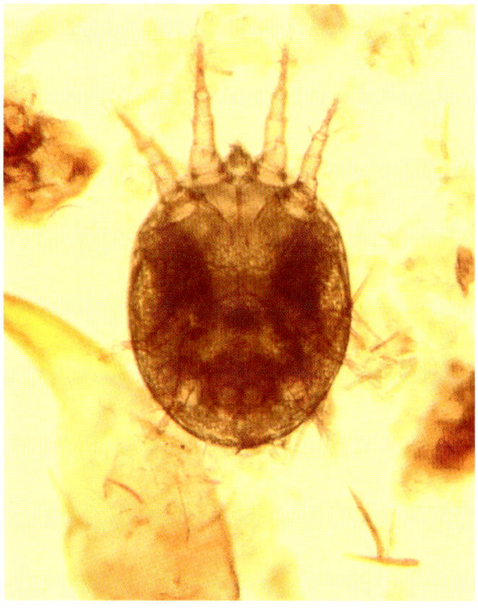

Neben den Schlangenmilben finden sich häufig Futtermilben im Kot der Tiere. Diese sind völlig harmlos, können aber ein Hinweis auf verdorbenes Futter sein.

Behandlung der Umgebung: Milben sterben bei über 45 °C und unter 5 °C: das Terrarium und sein Inventar bei über 60 °C in der Sauna erhitzen, mit dem Heißluftfön die Eier vernichten oder die Inneneinrichtung für 48 Stunden in die Tiefkühltruhe stecken. Die Hitze- bzw. Kältebehandlung muss insgesamt mindestens dreimal im wöchentlichen Abstand wiederholt werden. Zur chemischen Desinfektion eignen sich mehrere insektizide Präparate. Abhängig vom jeweiligen Insektizidpräparat sollten verbliebene Wirkstoffkonzentrationen von den behandelten Oberflächen wieder abgespült werden. Sprays auf 3%iger Kresolbasis (z. B. Miti-X®) oder das Frontline®-Spray gleichmäßig im Terrarium dünn vernebeln. Kletteräste werden am besten komplett entsorgt, da die Milbeneier in unzugängliche Nischen abgelegt und die Insektizidlösung vom

Holz aufgesaugt wird und deshalb nur schwer abwaschbar ist.
Für nicht desinfizierbare Holzterrarien bzw. für die Behandlung der Terrarienumgebung können dichlorphoshaltige Strips (z. B. Bolfo-Terrarienstrip®) aufgehängt werden. Die Bartagamen und das Trinkwasser müssen aufgrund der Toxizität des Insektizids während der Behandlungszeit entfernt werden.
Da sich Milben mit bis zu 1,8 m/Stunde auch aus dem Terrarium fortbewegen können, sollten auch die Umgebung des Terrariums und alle Nachbarterrarien gereinigt werden. Regelmäßiges Staubsaugen erfasst wandernde Milben. In den Staubsauger wird ein mit Insektizid getränktes Läppchen gesteckt. Da adulte Milben maximal 32 Tage leben, dürfte die Behandlung nach einem Monat erfolgreich abgeschlossen sein.
Behandlung des Tiers: Begleitend zur Terrariensanierung erfolgt die Tierbehandlung. Bei geringgradigem Befall kann versucht werden, die Parasiten durch Baden und Abtupfen zu beseitigen. Dieses schonende Verfahren empfiehlt sich ebenso bei bereits erkrankten, dehydrierten Tieren, bei denen eine Therapie mittels Insektiziden lebensbedrohlich werden könnte. In den überwiegenden Fällen erfolgt die Behandlung mit einem vom Tierarzt empfohlenen Insektizid. Der Wirkstoff wird auf ein Handtuch aufgebracht und das Tier unter Aussparung der Augen und Körperöffnungen damit vorsichtig abgerieben. Das Einsprühen der Agame soll aufgrund der Schleimhautreizung unterbleiben. Für die Zeit der Behandlung werden die Bartagamen für mindestens vier Wochen in Quarantäne verbracht. Die Therapie muss, je nach Befallsstärke, Milbenart und Wirkstoff, etwa ein- bis zweimal wöchentlich bis zu drei Wochen wiederholt werden, um auch Nachwuchsstadien zu beseitigen. Partnertiere werden in die Therapie einbezogen. Auf eine gute Flüssigkeitsversorgung der Tiere sollte geachtet und ggf. nachgeholfen werden. Ggf. muss parallel antibiotisch behandelt werden.
Zu beachten ist, dass die genannten Präparate auf Insekten und Spinnen tödlich wirken und nicht uneingeschränkt auf andere Reptilienarten übertragen werden können.

Besonders in Freilandterrarien muss auf Zeckenbefall geachtet werden.

Zecken

Zecken spielen hauptsächlich bei Tieren in Freilandhaltung eine Rolle. Einzelne Zecken werden mit einer Zeckenzange direkt am Kopf fixiert und unter leichtem Zug vorsichtig nach rechts oder links herausgedreht. Die Bissstellen werden mit einer milden desinfizierenden und die Wundheilung fördernde Salbe abgedeckt. Freilandtiere sind regelmäßig zu untersuchen.

Innenparasiten

Endoparasiten besiedeln vornehmlich den Verdauungstrakt der Echsen. Am häufigsten werden bei Bartagamen wirtsspezifische Parasiten, wie Oxyuren, Kokzidien und Trichomonaden (Flagellaten) diagnostiziert. Unter Berücksichtigung normaler Hygienemaßnahmen, wie dem Händewaschen, sollte eine parasitäre Infektion des Menschen fast ausgeschlossen sein.

Würmer

Sehr häufig werden *Oxyuren* (Pfriemenschwänze) diagnostiziert. Die Oxyuren sind bei Bartagamen etwa zwei Millimeter lange runde Würmer, sog. Nematoden. Im Gegensatz zu anderen Vertretern der Rundwürmer sind Oxyuren relativ harmlos und ein geringgradiger Befall sollte nicht überbewertet werden. Ernsthafte Schäden treten erst bei einem Massenbefall auf. Im Enddarm-, Kloakenbereich der Echsen lebend zerstören sie nicht direkt die Darmschleimhaut, sondern entziehen ihrem Wirt primär wichtige Nährstoffe aus dem aufgenommenen Futter. Die

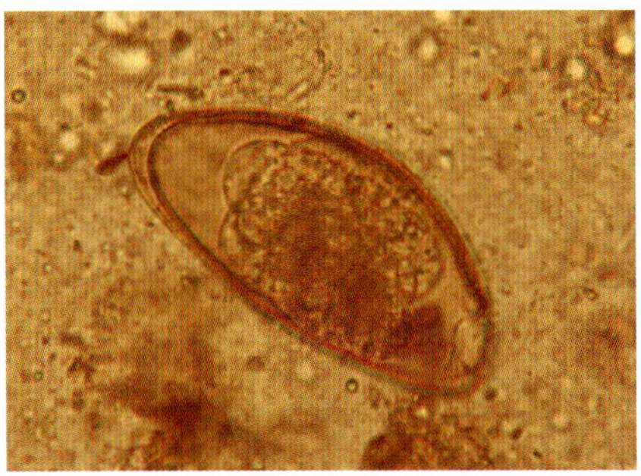

Oxyurenei ohne Larve.

Krankheitsanzeichen sind vielfältig. Durch den Nährstoffentzug verlieren die Bartagamen stetig Körpermasse und weisen nicht selten Vitamin- und Mineralstoffmangelerscheinungen auf. Betroffene Weibchen haben Fortpflanzungsprobleme, Jungtiere zeigen Wachstumsstörungen. Eine sehr hohe Anzahl der Darmparasiten verursacht Verstopfungen, die wiederum das Tier zum Pressen veranlassen. Die Folge davon kann wiederum ein Darm- oder Kloakenvorfall sein. Ebenso können Blähungen und damit verbundene Atmungsprobleme auftreten. Nicht zuletzt belasten die Stoffwechselprodukte der Würmer den gesamten Organismus und speziell das Immunsystem. Während der Winterruhe kann dieser Umstand den Tod des Tieres bedeuten. Die relativ umweltresistenten, mit bloßem Auge nicht erkennbaren Wurmeier werden mit dem Kot ausgeschieden und bei ungünstigen hygienischen Verhältnissen in großer Anzahl wieder aufgenommen. Sind viele Eier mikroskopisch im Kot nachweisbar, sollten alle betroffenen Tiere des Terrariums in Quarantäne behandelt werden. Den Bartagamen wird das flüssige Medikament (meistens Panacur®) ins Maul eingegeben. Nach etwa zehn Tagen erfolgt eine Wiederholungsbehandlung. Parallel werden das Bodensubstrat und alle mit Kot kontaminierten Gegenstände gründlich gereinigt, um eine Neukontamination zu vermeiden. Im Freilandgehege sollten die obersten zwei bis drei cm der Erdschicht entfernt werden. Eine Kotkontrolle erfolgt drei bis

vier Wochen nach Therapieende, um den Behandlungserfolg beurteilen zu können, auf jeden Fall aber regulär vor der Winterruhe.
Da Saugwürmer und Bandwürmer einen Zwischenwirt benötigen, spielen sie bei Bartagamen in Terrarienhaltung seit dem Importverbot von Wildtieren aus Australien keine Rolle mehr. Bei Freilandhaltung können für die Bartagame harmlose Vogel-Bandwurmeier im Bartagamenkot nachgewiesen werden. Die an Hund oder Katze angepassten Saug- oder Bandwürmer sind nicht auf Bartgamen übertragbar.
Über Futterinsekten können gelegentlich Zungenwürmer *(Pentastomiden)* auf Bartagamen übertragen werden. Diese wie Würmer aussehenden, wenige Millimeter langen Parasiten besiedeln bevorzugt die Lungen, wo sie Blut saugen. Infolge der Schädigung des Lungengewebes kommt es zu einer Lungenentzündung und -infektion. Die Therapie ist nicht ungefährlich, da durch das Absterben der Parasiten im Atmungstrakt Komplikationen auftreten können. Die Auswahl des geeigneten Medikamentes durch den Tierarzt und die Überwachung des Tieres ist in diesem Fall von besonderer Bedeutung.

Einzeller (Protozoen)

Kokzidien

Kokzidien sind bei Reptilien in der Natur als auch in der Gefangenschaft weitverbreitet und bereiten Tieren mit einem gesunden Immunsystem meist keine Probleme. Am häufigsten wird bei Bartagamen *Isospora amphibulori* nachgewiesen. Diese entwickeln in den Dünndarmzellen Oozysten, die über den Kot intermittierend ausgeschieden werden. Nach etwa 24 Stunden sporulieren die Oozysten und können somit wochenlang in der Umwelt überdauern. Durch die Wiederaufnahme der Erreger über Kotreste im Terrarium oder über die Eierschale beim Schlupf des Nachwuchses kann es leicht zu einem hochgradigen Befall und damit zu einem lebensbedrohlichen Zustand kommen. Durch die verursachten Läsionen in der Darmschleimhaut kommt es zu Verdauungsschwierigkeiten und erhöhter Anfälligkeit für andere Infektionen, z. B. durch Bakterien oder Flagellaten. Die Tiere zeigen Appetitlosigkeit und verzögertes Wachstum.
Infolge des Durchfalls legt sich die Haut durch den Flüssigkeitsverlust in deutlich erkennbare Falten. Besonders gefährdet sind Bartagamen in den ersten Lebenswochen. Diese können durch den extremen Wasserverlust innerhalb weniger Stunden verenden.

Gesunde Tiere überstehen den Kokzidienbefall in der Regel gut.

Unbehandelte Jungtiere sterben häufig an den Folgen der heftigen Darmentzündung oder an Nierenversagen, während die adulten Bartagamen lediglich als Ausscheider der Kokzidien-Oozysten fungieren und somit keine Symptome zeigen müssen. Werden nun Kokzidien diagnostiziert, sind die Haltungsform, die Anzahl der Erreger im Kot, der Gesundheitszustand sowie das Alter des Tieres für die weitere Vorgehensweise von Bedeutung. Bei einem mittel- bis hochgradigen Befall und/oder auftretenden Krankheitsanzeichen wird Toltrazuril (Baycox® 5 %) nach individueller Dosierung verabreicht. Zusätzlich werden die kranken Echsen mit ausreichend Flüssigkeit versorgt, um den Kreislauf zu stabilisieren. Werden nur geringgradig Kokzidien nachgewiesen, empfiehlt sich oftmals trotzdem die Therapie. Damit erübrigen sich engmaschigere Kotkontrollen und ständige Befürchtungen eines Krankheitsausbruchs. Außerdem kann es durch Krankheit anderer Genese zu einer starken Vermehrung der Kokzidien kommen, wodurch es dann zusätzlicher Medikamente bedarf. Bei Zuchttieren empfiehlt sich, um die Infektion der anfälligen Jungtiere beim Schlupf zu vermeiden, unbedingt eine „Kokzidienfreiheit“ der Elterntiere anzustreben. Das Terrarium sollte dann auch mit einem wirksamen kresolhaltigen Desinfektionsmittel (z. B. Kovi-X®, Neopredisan®) desinfiziert und nach einer zweistündigen Einwirkzeit gründlich wieder ausgewaschen werden. Die Bartagamen werden bis zum Therapieende in Quarantäne gesetzt. Der alleinige Einsatz einer Dampfente zur Terrariumdesinfektion ist nicht effektiv genug, da nur punktuell eine genügend hohe Temperatur erreicht werden kann, um Kokzidiendauerstadien abtöten zu können. Alle hitzebeständigen Einrichtungsgegenstände können bei 120 °C im Ofen für etwa eine Stunde behandelt werden. Nicht leicht zu reinigende Gegenstände, wie Korkäste sollten ausgetauscht und entsorgt werden. Durch strenge Hygienemaßnahmen und eine konsequente Behandlung der Tiere können durchaus kokzidienfreie Kotproben erzielt werden.

Cryptosporidien

Cryptosporidien werden hauptsächlich bei Kornnattern und Geckos, aber gelegentlich auch bei Bartagamen nachgewiesen. Es sollte eine kompetente Differenzierung der Cryptosporidienarten erfolgen, da nur *C. saurophilum* für Bartagamen von Bedeutung ist, die nicht für den Menschen ansteckend ist. Andere in Bartagamenkot nachweisbare Cryptosporidienarten sind meist harmlose Darmpassanten von Futtertieren. Echsen leiden vornehmlich an einer Darmentzündung, weshalb die bei Schlangen beobachtete Regurgitation von Futter seltener auftritt. Die Symptome sind meist unspezifisch. Apathie, Appetitlosigkeit und Durchfall können auftreten. Durch die Störung der Verdauungsvorgänge verlieren die Tiere über einen längeren Zeitraum beträchtlich an Körpermasse. Im Kot oder in einer Magenspülprobe können die Oozysten nachgewiesen werden. In der Regel ist die Infektion bei Bartagamen mit intaktem Immunsystem selbstlimi-

tierend. Die Tiere sind dann gegenüber einer neuen Infektion immun. Erkrankte Tiere werden vornehmlich symptomatisch behandelt.
Zur Reinigung müssen starke Desinfektionsmittel auf Kresolbasis verwendet werden. Es ist auf strenge Hygiene zu achten. Die Möglichkeit der aerogenen Übertragung ist nicht ganz auszuschließen.

Flagellaten

Die Fortbewegung der Flagellaten (Trichomonaden, Proteromonas) erfolgt mittels ihrer peitschenartigen Fortsätze, weshalb sie auch Geißeltierchen genannt werden. Sie parasitieren im Dickdarm ihres Wirtes und können, nach Vorschädigung der Darmschleimhaut durch andere Parasiten oder Bakterien und einem daraus resultierenden Massenbefall ernsthafte Krankheitssymptome hervorrufen. Übelriechender, flüssiger, schleimiger bis blutiger Durchfall, Apathie, Futterverweigerung und Abmagerung sind die Resultate. Die Ansteckung erfolgt über eine Kontamination der Umgebung oder des Trinkwassers. Tiere mit einem guten Immunsystem sind in der Lage, die Intensität des Befalls im Gleichgewicht mit den Abwehrkräften zu halten, zeigen dann keinerlei Symptome und kommen mit den opportunistischen Mitbewohnern zurecht. Die weitere Vorgehensweise hängt auf jeden Fall von den Symptomen sowie der Art und der Anzahl der Flagellaten ab, die nur in einer frischen Kotprobe, die nicht im Kühlschrank gelagert werden sollte, richtig bestimmt werden können. Neben der medikamentösen Therapie muss ausreichend Flüssigkeit verabreicht werden.

Ziliaten

Ziliaten (Wimpertierchen, v. a. *Nyctotherus* und *Balantidium spp.)* werden häufig in Kotproben von Bartagamen nachgewiesen. Die Kotprobe sollte für diese Untersuchung nicht im Kühlschrank gelagert werden. Eine Therapie empfiehlt sich bei positivem Nachweis, wenn ein hochgradiger Befall vorliegt, wenn das Tier klinisch erkrankt (Durchfall, Apathie, Futterverweigerung) oder der Darm durch eine andere Erkrankung vorgeschädigt ist.

Viren

Vor allem bei jungen Bartagamen werden Adenovirusinfektionen beschrieben. Symptome sind Apathie, Verweigerung des Futters, Durchfall und Abmagerung. Durch die Leberentzündung können erhöhte Leberwerte im Blut auftreten. Die Diagnostik gestaltet sich v. a. durch Abstriche der Kloake oder des Rachens noch schwierig. Sicherer sind Gewebeproben der inneren Organe, um den Erreger nachzuweisen. Plötzliche Todesfälle junger Bartagamen nach Abmagerung und Bewegungsstörungen können durch Iridoviren verursacht werden. Das Iridovirus wird auch in Heimchen und Zweifleckgrillen nachgewiesen, die ebenfalls daran verenden können. Die Insekten kommen als Überträger infrage.
Virale Erkrankungen können bisher nicht erfolgversprechend therapiert werden.

Pilze & Co.

Offene Hautstellen nach Verletzungen bieten Pilzen in Kombination mit der feuchten, warmen Umgebung im Terrarium eine gute Vermehrungsgrundlage. Anzeichen sind ekzematöse Hautstellen und borkige Beläge. Das Tier sollte vorübergehend trockener und bei Vorzugstemperatur gehalten werden. Staunässe ist zu vermeiden und die Belüftung im Terrarium muss funktionieren. Auf die betroffenen Stellen werden Salben aufgetragen, je nach Ausmaß der Erkrankung empfiehlt sich zudem noch eine Behandlung über Tabletten oder eine Lösung zum Eingeben. Zusätzlich können Vitamin-A-haltige Salben die Hautregeneration unterstützen. Andere Grunderkrankungen (z. B. Fettleber, Parasitose), die eine Pilzinfektion begünstigen, sollten ausgeschlossen oder behandelt werden. Durch den Juckreiz ist die Haut durch permanentes Kratzen meist noch bakteriell infiziert. In diesem Fall sind desinfizierende Bäder und der Einsatz eines geeigneten Antibiotikums sinnvoll. In letzter Zeit werden bei Bartagamen häufig Erkrankungen durch *Nannizziopsis vriesii* beschrieben. Dieser Pilz bildet gelbe Krusten, weshalb die Erkrankung auch „Gelber Pilz“ genannt wird.
Unbehandelt sterben die Tiere an einer ausgeprägten tiefen Hautentzündung und einem inneren Befall. Die Therapie ist bisher nicht immer erfolgreich.

Borkige Beläge und Hautentzündungen können auf eine Pilzinfektion hinweisen.

Bakterien

Eine Vielzahl von Bakterien sind bei Bartagamen v. a. im Maul, in der Nase oder in der Kloake durch eine Tupferprobe nachweisbar. Bei klinisch unauffälligen Tieren spielen diese keine Rolle und geben auch keinen Aufschluss über das Vorkommen von Krankheitserregern in den inneren Organen. Regelmäßige Abstrich-Untersuchungen sind somit nicht notwendig. Interessant werden die Ergebnisse der Tupfer erst, wenn Veränderungen, wie Infektionen, auf der Haut oder in Organen vorliegen. In diesem Fall konnten sich spezielle Keime aus der Mischflora vermehren und wirken nun pathologisch. Meist handelt es sich um Bakterien der Gattungen Pseudomonas, Aeromonas oder Proteus. In Abszessen finden sich zusätzlich häufig Anearobierspezies wie Fusobakterien, Klostridien oder Peptostreptokokken. Durch eine Wunde, z. B. eine Bissverletzung, konnten die Erreger eindringen.

Bei Bartagamen finden sich Abszesse meistens in den dann verdickten Zehenbereichen und in den Gliedmaßengelenken.
Im Röntgenbild zeigen sich in den betroffenen Bezirken oft Knochenauflösungen, wodurch sich der Abszess oft gut von der Gicht unterscheiden lässt. Die Aussicht auf eine vollständige Heilung ist in fortgeschrittenen Fällen eher schlecht, weshalb viele Tierärzte zur Amputation der betroffenen Gliedmaße raten. Die Therapie kann ziemlich langwierig sein, da meistens immer wieder neue Abszesse entstehen, die umgehend gespalten, ausgeräumt und antibiotisch weiterversorgt werden sollten. Außerdem ist eine ausreichende Hygiene im warmfeuchten und damit bakterienfreundlichen Milieu des Terrariums von großer Bedeutung, um die Vermehrung der Bakterien so gering wie möglich zu halten. Neue Bissverletzungen sind durch ein Trennen der Tiere zu vermeiden.

Info Antibiotika

Aufgrund zunehmend auftretender Resistenzen muss die Antibiotikumtherapie verantwortungsbewusst und gezielt erfolgen. Bevor es zum Einsatz eines Antibiotikums kommt, sollte der Tierarzt über eine mikrobiologische Probe die Art der vorkommenden Bakterien bestimmen. Der Organismus des Tieres wird dadurch nicht mit unwirksamen Medikamenten belastet. Um die Nierentätigkeit zu unterstützen, ist während der Behandlung auf eine ausreichende Flüssigkeitszufuhr zu achten. In einigen Fällen wird sich der Tierarzt für regelmäßige Infusionen entscheiden. Zusätzlich sind Elektrolytlösungen oder eine Vitaminsubstitution sinnvoll. Dehydrierten Tieren kann die Elektrolytlösung in das Badewasser gemischt werden. Bei oral verabreichten Antibiotika empfiehlt sich der parallele Einsatz von probiotischen Medikamenten (Bene-Bac®, ProPre-Bac®) zum Schutz und zum Aufbau der natürlichen Darmflora. Eine einmal begonnene Therapie muss weitergeführt und abgeschlossen werden!

Salmonellen

Viele Echsen, so auch Bartagamen, können Dauerausscheider von Salmonellen sein, ohne selbst daran zu erkranken. Eine Untersuchung gesunder Bartagamen durch Kloaken- oder Rachentupfer gibt keine Sicherheit, da nicht zu jeder Zeit Salmonellen nachweisbar sind. Eine Erkrankung, die Salmonellose, entwickelt sich vornehmlich bei geschwächten Reptilien. Abmagerung, Durchfall, Entzündung der Maulschleimhaut oder der Haut und auch spontane Todesfälle prägen das Krankheitsbild. In diesem Fall nehmen die Erregerausscheidung und die Ansteckungsgefahr besonders für Kleinkinder und immunschwache Menschen zu. Ein gutes Hygienemanagement, v. a. auch das gründliche Händewaschen nach dem Handling, ist daher immer oberstes Gebot! Erkrankte Bartagamen werden mit Antibiotika behandelt, allerdings lassen sich die Erreger lediglich minimieren, aber nicht eliminieren. Eine Behandlung sollte aber dennoch erfolgen.

Skeletterkrankungen

Unter dem Begriff Metabolic bone disease (MBD) werden verschiedene Knochenerkrankungen zusammengefasst, die in einem ungünstigen Mineralstoffhaushalt begründet sind, beispielsweise die Rachitis bzw. Osteomalazie. Wichtige, vom Halter beeinflussbare Faktoren, die für den Knochenstoffwechsel von Bedeutung sind, sind das UV-B-Licht, das Vitamin D3, sowie Kalzium und Phosphor und dessen Verhältnis zueinander. Dosiert der Pfleger über einen längeren Zeitraum zu viel oder zu wenig davon, kommt es zu Mangelerscheinungen und den entsprechenden Erkrankungen. Zu berücksichtigen ist weiterhin, dass auch zu viel Vitamin A die Wirkung des Vitamin D3 hemmen kann.

Rachitis

Eine gute UV-B-Lichtquelle sorgt in der Terrarienhaltung für eine ausreichende Vitamin D3-Synthese in der Bartagamenhaut. Vitamin D3 wiederum ist für die Aufnahme von Kalzium aus dem Darm und dessen Einlagerung in die Knochen verantwortlich.

Verformte Gliedmaßen aufgrund eines chronischen Kalziummangels sind nicht reversibel.

In den überwiegenden Krankheitsfällen wird durch fehlendes UV-B-Licht nur ungenügend Vitamin D3 gebildet. Das Jungtier kann nun kein Kalzium in das Skelett einlagern. Die Knochen erhalten nicht die erforderliche Stabilität, sondern bleiben weich. Da die Tiere noch wachsen, kommt es unter dem Mineralstoffmangel vor allem zu irreversiblen Knochenverformungen an den Vordergliedmaßen. Meistens besteht zusätzlich zum Vitamin D3-Mangel ein Kalziummangel oder das Ka:P-Verhältnis ist zugunsten des Phosphors verschoben. Ein deutliches Anzeichen für eine an Kalziummangel erkrankte Bartagame ist die durch eine Fraktur verursachte Buckelbildung im Bereich der verkrümmten Lendenwirbelsäule.
Die meisten Tiere sind generell inaktiver und schwach auf den Beinen. Kennzeichnend sind ebenfalls zitternde Muskelpartien, durch die sogenannte rachitische Muskelschwäche. Die Kopfform erinnert an das typische Kindchenschema bei Welpen und wird deshalb gerne als „Mopskopf" bezeichnet. Die sogenannten „Gummikiefer" geben auf Druck nach, der Unterkiefer kann verkürzt sein oder das Maul kann nicht vollständig geschlossen werden. Das Fressen fällt durch diese Veränderungen schwer. Um den Mineralstoffdefizit ausgleichen zu können, nehmen die Tiere gerne Sand auf, was zusätzlich zur bereits bestehenden Darmträgheit Verstopfungen begünstigt. Mit fortschreitendem Prozess kommt es zu Krämpfen und zum Tod.

Dieses Jungtier zeigt die typischen Merkmale einer Rachitis.

Osteomalazie/Osteoporose

Tritt eine Vitamin D3- oder Kalziumunterversorgung bei bereits ausgewachsenen Tieren auf, wird zur Aufrechterhaltung des Stoffwechsels das im Knochen befindliche Kalzium abgebaut. Die Knochen werden porös, brechen schnell und können ebenfalls erweichen. Die Symptome ähneln den bereits beschriebenen bei rachitischen Tieren.

Therapie: Bereits bestehende starke Knochendeformationen sind nicht mehr korrigierbar. Frakturen können chirurgisch behandelt werden. Vorübergehend erfolgt eine individuell dosierte Vitamin D3- und Kalziumsubstitution. Die Haltungs- und Fütterungsbedingungen müssen optimiert und insbesondere die UV-B-Leistung der Lichtquellen überprüft werden. Es ist unbedingt auf ein ausgeglichenes Verhältnis der Mineral- und Vitaminsubstitution zu achten, denn auch eine Vitamin D3- oder hosphor-Überversorgung verursacht aufgrund spezieller Regulationsmechanismen genau dieselben Krankheitssymptome. Bei einer chronischen Vitamin D3-Überdosierung kommt es zu Organ- und Gefäßverkalkungen, die wiederum Ursache für eine Schwanznekrose sein können. Die Mineral- bzw. Vitaminpulver sind nach den empfohlenen Dosierungen zu verabreichen. Unter anderem ist ein erhöhter Bedarf während der Trächtigkeit zu berücksichtigen.

Hinweis: Da die Verstoffwechselung von Kalzium und des Vitamin D3 auch infolge einer Erkrankung der am Kalziumstoffwechsel beteiligten Organe: Leber, Nieren, Darm (Parasiten) oder Schild- bzw. Nebenschilddrüse gestört sein kann, sollte zusätzlich eine klinische Untersuchung des allgemeinen Zustands erfolgen.

Traumata

Frakturen, Bisse, Quetschungen, Verbrennungen – bei Bartagamen in Gefangenschaft ist das Verletzungsrisiko relativ hoch. Auf engem Aktionsradius kommt es oft zu Rangordnungskämpfen oder territorialen Auseinandersetzungen, die zu ernsthaften tiefen Bissverletzungen und Kratzwunden führen können. Kleinere Biss- oder Schürfwunden fügen paarungswillige Männchen den Weibchen auch durch permanente Nackenbisse zu. Im Terrarium nachts herumlaufende Insekten können Fraßlöcher in die schlafende, wehrlose, kranke Bartagame nagen. Nicht verzehrte Insekten sind aus diesem Grund aus dem Terrarium zu entfernen. Gelingt dies nicht, muss ihnen nachts Futter (geraspelte Karotte, Zucchini, Apfel) zur Verfügung stehen.
Offene Wunden bieten – je nach Hygienezustand im Terrarium – optimale Eintrittspforten für Bakterien und Pilze. Diese sollten umgehend mit sauberem Wasser oder Wundspüllösung gereinigt, desinfiziert und mit geeigneten Wund- und Heilsalben abgedeckt werden. Die Tiere werden vorübergehend sandfrei gehalten. Tiefe, großflächige Wunden müssen genäht werden. Infizierte Wunden werden per Injektion und ggf. über Salben antibiotisch versorgt.

Dieses Weibchen wurde durch einen Paarungsbiss im Nacken verletzt.

Quetschungen

Durch das Umfallen ungenügend fixierter Einrichtungsgegenstände oder durch Einklemmen der Echsen zwischen den Fensterscheiben entstehen nicht selten Quetschungen der inneren Organe. Innere Verletzungen sind von außen nicht zu erkennen. In diesem Fall können nur die klinische Untersuchung, ein Röntgenbild oder eine Ultraschalluntersuchung Aufschluss über das Ausmaß der Verletzung geben. Dieselbe Diagnostik ist nach einem Sturz oder dem Fallenlassen des Tieres anzuraten. Handelt es sich zusätzlich um mit Kalzium unterversorgte Tiere, ist das Risiko für Knochenbrüche bereits aus geringer Höhe hoch. Diese sollten chirurgisch behandelt werden.
Generell sind alle Verletzungsrisiken abzustellen. Steine und Äste müssen auch heftigen Stößen standhalten. Nicht selten springen oder kratzen Bartagamen auch gegen Fensterscheiben, was zu Verletzungen an Schnauze und Krallen bis hin zu Knochendeformationen führen kann. Das Scheibenspringen kann durch die Verkleidung der sich spiegelnden Flächen verhindert werden. Hierzu eignen sich Klebefoli-

Der Abstand zwischen den Spots und den Bartagamen muss korrekt sein, sonst drohen Verbrennungen.

en, Rückwände oder Hängepflanzen. Das Scheibenkratzen kann auch andere Ursachen haben: Mitunter möchte sich ein Tier aus dem Wirkungskreis der anderen Bartagamen entziehen, oder es herrschen zu warme Temperaturen. Auch sich bewegende Objekte, wie sichtbare Futtertiere vor dem Terrarium, andere Artgenossen im Nachbarbecken oder auch die herankommende Fütterungszeit können Unruhe hervorrufen. Nicht zuletzt zeigen sich männliche Tiere zur Paarungszeit verhaltensauffällig.

Verbrennungen

Brandwunden entstehen durch zu starke Hitzeeinwirkung. Bartagamen orientieren sich für ihre Wärmeregulation am Licht. Unphysiologische, hohe Wärme von unten wird somit nicht unmittelbar als Gefahr angesehen. Ihre Wärmerezeptoren erkennen ansteigende Temperaturen erst nach längerer Hitzeeinwirkung. Die Tiere verharren somit auf Heizmatten oder Heizsteinen oder heißen Steinen, die durch Dunkelstrahler erwärmt werden, und können sich verbrennen. Generell empfiehlt sich der primäre Einsatz von Licht erzeugenden Wärmequellen. Die Oberfläche der erhitzten Flächen sollte 45 °C nicht übersteigen. Verbrennungen am Rücken werden hauptsächlich durch zu tief hängende, nicht durch ein Gitter geschützte Lampen verursacht. Frische Brandwunden sind durch geschwollene, entzündete, gerötete, nässende Flächen zu erkennen. Diese Hautbezirke sollten umgehend gekühlt werden. Anschließend erfolgt eine Wundbehandlung. Abgestorbene, schwarze Hautteile (Nekrosen) können mit fortschreitendem Heilungsprozess abgetragen werden. Mit zunehmender Regeneration verschorfen die Stellen und es bilden sich bleibende, helle Narben.

Häutungs- und Abkotungsstörungen

Häutungsprobleme

Häutungsprobleme treten relativ häufig infolge einer zu trockenen Haltung auf und können zu Nekrosen des Schwanzes und der Zehen führen. Seltener sind Vitamin-A- oder Jodmangel die Ursachen. Normalerweise wird die alte Haut in Fetzen gelöst. Dieser Prozess kann einige Tage dauern. Dehnt sich der Häutungszeitraum auf einige Wochen aus, bleiben Hautfetzen haften und verkleben oder es bilden sich bereits mehrere Schichten, liegt eine Häutungsstörung vor. Besonders an den Zehenendgliedern und der Schwanzspitze kann es zu Ein- bzw. Abschnürungen durch alte Hautreste kommen. Da die Blutversorgung in diesen Bereichen nun nicht mehr gewährleistet ist, stirbt das Gewebe ab, verfärbt sich schwarz, trocknet ein und fällt ab. Diese nekrotischen Zehen oder Schwanzbezirke können sich ohne Behandlung infizieren und sollten aus diesem Grund dem Tierarzt vorgestellt werden. Besteht bereits eine Wundinfektion, müssen antibiotische oder antimykotische Medikamente eingesetzt werden. Unterbleibt diese Behandlung, kann das Tier im schlimmsten Fall an den Folgen einer Sepsis (Blutvergiftung) sterben. Der Tierarzt wird weiterhin über die Notwendigkeit einer Teilamputation entscheiden müssen, um die Ausbreitung des nekrotischen Bezirkes in das noch gesunde Gewebe hinein unterbinden zu können. Abgefallene bzw. chirurgisch abgesetzte Schwanzspitzen oder Zehenendglieder bilden bei Bartagamen keine Regenerate, d. h., sie wachsen nicht nach.

Der Häutungsablauf ist von Tier zu Tier unterschiedlich. Bei diesem Tier löst sich gerade die Haut des Rumpfes.

Prophylaktisch ist auf ausreichend Luftfeuchtigkeit, Bade- und Trinkmöglichkeiten und auf eine ausgewogene Vitaminversorgung zu achten. Teile des Bodengrundes sollten feucht gehalten werden, damit sich nachts eingrabende Tiere von der Bodenfeuchtigkeit profitieren können. Während der Häutung sind vor allem die Gliedmaßenenden und der Schwanz auf Häutungsreste zu

kontrollieren. Sich schlecht häutende Tiere werden für etwa 15 Minuten in 30 °C warmes Wasser gesetzt, z. B. in einen hohen Eimer. Nachdem die Haut eingeweicht ist, werden die betroffenen Stellen mit einem Handtuch vorsichtig abgerieben. An den Zehen kann es nötig sein, mit einer kleinen Schere die Häutungsringe einzuschneiden. Das Abziehen der Haut mit einer Pinzette sollte sehr vorsichtig erfolgen. Mitunter muss die Badezeremonie mehrmals wiederholt werden. Zusätzlich empfiehlt sich Flüssigkeit per Pipette über das Maul zu verabreichen. In schweren Fällen sind zusätzlich Infusionen eine sinnvolle Alternative. Über Nacht kann zum Einweichen der Hautreste auf kleinen Flächen Lebertransalbe dünn aufgetragen werden. Diese oder andere Vitamin-A-haltige Salben wirken sich gleichzeitig positiv auf die Regeneration der darunterliegenden irritierten Haut aus. Das Einölen großflächiger Hautbezirke ist nicht uneingeschränkt zu empfehlen, da durch Öl die Hautporen bzw. Schuppenzwischenräume verstopft und Hautirritationen und -entzündungen hervorgerufen werden.
In einigen Fällen können Häutungsschwierigkeiten die Folge einer systemischen Grunderkrankung, einer endokrinologischen Störung oder eines Parasitenbefalls sein. Hier bedarf es einer gründlichen Abklärung der Ursache. Nekrosen an Zehen oder Schwanz können auch andere Ursachen haben (s. S. 90). So kann eine fortschreitende Schwanznekrose hinweisend auf eine Arterienverkalkung sein.
Verkürzte Häutungsintervalle mögen auf hormonelle Imbalancen oder eine Vitamin-A-Überversorgung zurückzuführen sein.

Kloaken-, Darm- oder Legedarmvorfall

Ragt bei einem Tier ein rötlich bis schwarz aussehendes, verdicktes Gewebe aus der Kloakenöffnung heraus, so handelt es sich um einen Organvorfall. Besonders durch heftige Pressversuche können die Organe herausgedrückt werden. Sehr häufig geschieht dies mit der Kloake oder dem Legedarm während einer Legenot. Aber auch Endoparasiten, eine Darmentzündung oder eine Verstopfung können einen Kloaken- oder Enddarmvorfall hervorrufen. Primär muss das Organ diagnostiziert werden. Ist die Schleimhaut noch rot und frisch, kann eine Rückverlagerung gelingen. Zunächst wird das vorgefallene Organ mit klarem Wasser gesäubert. Ödematisiertes Gewebe kann durch Kühlen mit kaltem Wasser oder einer Zuckerlösung etwas zum Abschwellen gebracht werden. Unter Zuhilfenahme von Öl bzw. antibiotischen, entzündungshemmenden Salben, wird das Organ vom Tierarzt vorsichtig in die Kloake zurückverlagert. Auf jeden Fall ist die Ursache abzuklären und abzustellen. Bei hartnäckigen Fällen wird beispielsweise die Kloake mit einer Naht verschlossen, die einige Tage später wieder entfernt wird. Vorgefallener Darm kann nach der Zurückverlagerung durch einen Tierarzt an der Bauchdecke fixiert werden. Handelt es sich um bereits abgestorbenes Gewebe muss dieses entfernt werden.

Probleme in der Zucht

Legenot

Um eine postovulatorische Legenot handelt es sich immer dann, wenn ablagereife beschalte Eier nicht abgelegt und die mehrtägigen Grabversuche eingestellt werden. Zu diesem Zeitpunkt zeichnen sich die Eier meist deutlich an der Bauchwand ab. Die Tiere wirken sichtlich erschöpft, eventuell bereits abgemagert und haben meistens das Fressen gänzlich eingestellt. Die Ursachen sind vielfältig. In den meisten Fällen fehlen geeignete Ablageplätze, es herrschen suboptimale Klimaverhältnisse, das Tier leidet unter chronischem Mineralstoffmangel oder unter Stress durch Partnertiere oder den Besitzer. Nach umgehender Abstellung der Mängel und einer Stabilisierung des Muttertieres mittels Kalzium- und Elektrolytinjektionen kann eine erfolgreiche Eiablage noch gelingen. Eventuell kann nach Auffüllen der Kalziumdepots mit einem Wehenmittel nachgeholfen werden. Davor müssen allerdings durch eine Röntgenaufnahme oder Ultraschalluntersuchung übergroße Eier, ein zu kleines Becken, fehlgelagerte, deformierte oder zerbrochene Eier als Ursache ausgeschlossen werden.

Findet ein Weibchen bei der Eiablage keine Ruhe, kann Legenot eintreten.

Werden etwaige Geburtshindernisse diagnostiziert oder ist das Tier bereits zu schwach, muss die Bartagame operiert werden. Nach der OP kann, so gesundheitlich und züchterisch nichts dagegen spricht, mit dem Weibchen durchaus weitergezüchtet werden. Zukünftige Komplikationen können aber nicht ausgeschlossen werden.

Treten die beschriebenen Symptome auf, aber es sind keine Eier im Bauch nachweisbar, könnte es sich um eine präovulatorische Legenot handeln. Hierbei kommt es zu einem Follikelstau am Eierstock. Immer mehr Follikel werden gebildet, aber es erfolgt keine Abgabe in den Legedarm. Im Ultraschall können sehr häufig unterschiedlich große Follikel nachgewiesen werden. Im ungünstigsten Fall sind bereits Follikel geplatzt. Die dann austretende Flüssigkeit enthält das stark reizende Vittelin, das innere Organe schädigt. Besteht dieser Zustand schon längere Zeit, können verhärtete, sogenannte verkäste Eimassen im Bauch gefunden werden. Tiere mit dieser Diagnose sollten auf jeden Fall chirurgisch behandelt werden. Sekundär werden Infusionen und ein Antibiotikum verabreicht.

Hemipenisprolaps

Bartagamenmännchen besitzen zwei Kopulationsorgane, die sog. Hemipenes. In der Paarungszeit oder in Verbindung mit einem Kloakenprolaps kann es zu einem Vorfall eines Hemipenis kommen. Der Bereich wird mit klarem Wasser gesäubert. Mittels kalter Kompressen kann versucht werden, das Gewebe zum Abschwellen zu bringen. Gelingt dies, lässt sich das Organ in die Hemipenistasche zurückverlagern. Gleichzeitig empfiehlt sich, in die Hemipenestaschen eine antibiotische, entzündungshemmende Salbe einzubringen. Ist das Gewebe bereits schwarz und ausgetrocknet, muss der Hemipenis chirurgisch entfernt werden. Zur Fortpflanzung steht nun noch ein Hemipenis zur Verfügung.

Femoraldrüsenentzündung

Sind die Ausführungsgänge der Femoraldrüsen verlegt, kann es dort zur Verstopfung und damit zur Anhäufung eingetrockneter Sekretmassen kommen. Die Drüsen und ihre Poren sind dann geschwollen und vergrößert. Unter Umständen können eine Pilzinfektion oder eine bakterielle Infektion dahinterstecken. In diesen Fällen sollte nach dem Entfernen der Sekretmassen unter Narkose auch eine gezielte Antibiose sowie eine Therapie gegen den Pilz erfolgen. Eventuell müssen Drüsenbezirke chirurgisch entfernt werden. Auf ausreichende Luftfeuchte ist zu achten, da Häutungsstörungen als Ursache infrage kommen.

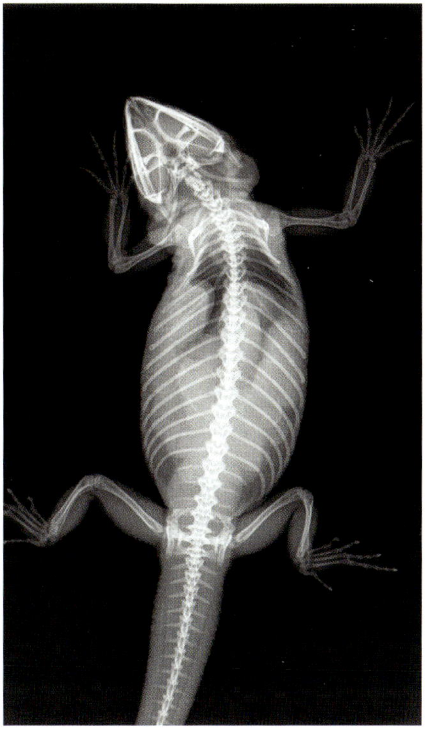

Röntgenbild eines Weibchens kurz vor der Eiablage. Die Eier schieben sich bis unter die Lungen und das Herz.

Hier sieht man den rechten Hemipenis eines Bartagamen-Männchens.

Pneumonie

Stress, Zugluft und Unterkühlung während des Wohnungsausflugs oder Hygienemängel sind nur einige Faktoren, die eine bakterielle Lungenentzündung hervorrufen können. Bartagamen besitzen zwei Lungensäcke. Diese primitive Ausbildung bedingt eine schwerwiegendere Erkrankung, da bei einer Infektion jeweils die gesamte Lunge betroffen ist. Außerdem kann das darin befindliche Sekret durch ein fehlendes Zwerchfell nicht ausgehustet werden. Typische Krankheitsanzeichen sind ein schlechtes Allgemeinbefinden, Futterverweigerung und eine erschwerte Atmung, die sich durch kräftiges Heben und Senken des Brustkorbes äußert. In fortgeschrittenen Fällen sind Nasenausfluss, Maulatmung und auch Atemgeräusche zu beobachten. Im Röntgenbild ist der mit Entzündungssekret gefüllte Lungenbereich zu erkennen. Die Therapie erfolgt durch das passende Antibiotikum nach Resistenztest. Zusätzlich können schleimlösende Medikamente verabreicht werden. Auch Dampfbäder können unterstützend eingesetzt werden. Auf eine optimale Luftfeuchte und ausreichende Hygiene ist zu achten. Es dürfen sich keine nassen Stellen im Terrarium befinden, da dort die Bakterienanzahl sehr hoch sein kann. Häufig werden die Tiere nach einer erfolgreichen Therapie rückfällig. Die Prognose ist bei schwer erkrankten Tieren schlecht.
Seltener kann auch ein Pilz- oder Parasitenbefall (*Pentastomiden, Trichomonaden*) die Ursache einer Lungenentzündung sein.

Diese an einer starken Lungenentzündung leidende Bartagame konnte nur noch erlöst werden.

Augenerkrankungen

Da Erkrankungen der Augen oftmals mit anderen systemischen Erkrankungen einhergehen, bedarf es einer gründlichen klinischen Allgemeinuntersuchung.
Eine Konjunktivitis, Bindehautentzündung, ist durch den vorhandenen Augenausfluss erkennbar. Dieser ist anfänglich klar und wässrig, geht aber mit fortschreitendem Prozess in eine eitrige, dickflüssige Masse über, die die Augenlider verklebt. Entzündete Augenlider sprechen für das Krankheitsbild einer Blepharitis. Sind andere Grundleiden auszuschließen, ist eine bakterielle Entzündung am wahrscheinlichsten. Der Bakterieneintrag kann durch eine kleine Verletzung am Auge oder durch eine Reizung infolge eines Fremdkörpers, wie Staub oder Sand, erfolgt sein. Bei Freilauf in der Wohnung kann sich Zugluft ebenfalls nachteilig auswirken. Auch ein Vitamin-A-Mangel oder mangelnde Hygiene können die Erkrankung begünstigen.

Hängende Augenlider

Ein „Herabhängen" der Lider ist oft bei ausgezehrten oder kranken Tieren zu beobachten. Vor allem während der anstrengenden Legeperiode werden die Fettspeicher abgebaut. Da sich hinter dem Auge ein Fettdepot befindet, fällt das Auge bei abgemagerten Tieren ein, wodurch die Bindehaut sichtbar wird. Bei Tieren, die vermehrt Leistung erbringen, sollte die Futterration erhöht werden. Auch die Vitamin- und Mineralstoffsubstitution muss angepasst

Zugekniffene Augen können auf zu hohe UV-Bestrahlung hinweisen.

werden. Eine bakterielle Augeninfektion und andere Erkrankungen sind als Ursachen abzuklären.

Photokeratokonjunktivitis

Sitzen Bartagamen nach dem Einbau einer neuen leistungsstarken UV-Licht-Lampe mit zugekniffenen Augen auf ihren Plätzen oder sie verstecken sich sogar, so kann die UV-Lichtintensität zu hoch sein. Die Schädigung der Hornhaut oder des Lidrandes empfindet das Tier als sehr schmerzhaft. Die Hornhaut wird trüb und es entwickelt sich eine Bindehautentzündung. Nach dem Entfernen der UV-Lampen erholen sich die Tiere innerhalb weniger Tage. Vorbeugend sind neben den UV-Lichtlampen normale Lichtspots anzubringen, damit die Tiere eine alternative Wärmequelle aufsuchen können. Vor dem Einbau der UV-Lichtlampen sollte man sich über die empfohlenen Minimalabstände informieren und auf einen natürlichen UV-Einfallswinkel achten. Eine langsame Gewöhnung der Tiere an die UV-Bestrahlung ist ratsam.

Krankheiten des Ernährungsapparates

Maulfäule (Stomatitis)

Durch Verletzungen im Maulbereich, durch Fehlernährung oder durch andere innere Erkrankungen kann es zu schmerzhaften, eitrigen Entzündungen der Maulschleimhaut kommen. Das Maul ist verschleimt und die Tiere fressen schlechter. Das Maul sollte mit einer Desinfektionslösung, z. B. Chlorhexidinlösung, ausgespült werden. In vielen Fällen muss das Antibiotikum systemisch, also oral oder per Injektion verabreicht werden, da die Infektion nicht nur auf das Maul beschränkt ist. Nicht selten können die Bakterien gleichzeitig eine Lungenentzündung hervorrufen. Auch andere innere Erkrankungen sind als Ursache abzuklären.

Magen- und Darmentzündung

Magenentzündungen sind selten und wenn, dann häufig durch Adenoviren, Bakterien, Endoparasiten oder Fremdkörper bedingt. Darmentzündungen hingegen sind häufig anzutreffen. Die Ursachen sind vielfältig. Häufig spielt Stress eine Rolle. Tiere, die sich verstecken, können durch die fehlende Wärme nicht optimal verdauen und fressen kaum noch. Parasiten, Bakterien oder Pilze können sich so gut vermehren. Aber auch Fremdkörper können die Darmschleimhaut reizen und anfällig für Infektionen machen. Ungünstig auf die sich im Darm befindlichen nützlichen symbiontischen Mikroorganismen wirkt sich auch eine spontane Futterumstellung, meist auf kohlenhydratreichere Kost, aus. Betroffene Tiere haben durch den Durchfall eine kotverschmierte Kloakenregion, setzen häufig oder später durch Futterverweigerung kaum noch Kot ab. Durch den Flüssigkeitsverlust legt sich die Haut in Falten, die Augen wirken eingefallen. Der Bauch kann aufgebläht sein. Eine tierärztliche Abklärung, insbesondere eine Kotuntersuchung, ist unumgänglich, um ein geeignetes Präparat (Antibiotikum, Antiparasitikum ...) zu finden, welches die Ursachen beseitigt. Der Besitzer kann Flüssigkeit zuführen, sollte die Quarantäneregeln einhalten und sich das Gewicht notieren. So es für die Bartagame keinen unnötigen Stress darstellt, kann sie gebadet und mit kleinen Portionen beginnend zwangsgefüttert werden. Sehr stark ausgetrocknete Tiere erhalten die Flüssigkeit als Infusion direkt unter die Haut.

Verstopfung

Setzt eine Bartagame keinen Kot ab, presst aber oder sie nimmt kein Futter mehr auf, kann eine Verstopfung dahinterstecken. Vor allem chitinreiche Insekten, wie Mehlwürmer, oder übermäßige Aufnahme von Bodensubstrat durch Kalziummangel kommen als häufige Ursachen infrage. Nicht unerheblich ist auch die indirekte Aufnahme von Bodensubstrat bei der Fütterung auf Sandboden. Infolge des Pressens kann es zum Kloaken- oder Darmvorfall kommen. Der Tierarzt wird bereits durch das Abtasten des Bauches, spätestens aber nach einer Röntgenaufnahme, ev. nach Kontrastmittelgabe, die Diagnose stellen können. Leichte Verstopfungen können bereits durch Warmwasserbäder und leichte Bauchmassagen oder bei fehlendem Erfolg durch tierärztlich angewiesene orale und/oder rektale Gleitmittelgaben gelöst werden. Hartnäckige Fälle müssen operiert werden. Das Bodensubstrat sollte vorübergehend entfernt werden. Die Ursachen sind abzustellen.

Erbrechen

Das Hervorwürgen von Futter ist bei Bartagamen relativ selten zu beobachten. Bei zu kalten Haltungstemperaturen oder ungeeignetem, zu großem oder zu viel Futter funktioniert die Verdauung nur ungenügend. Das im Tier befindliche Futter kann nicht verwertet werden und wird erbrochen. Ebenso können Stress, schnelles Schlingen oder andere Erkrankungen zum Hervorwürgen der Nahrung führen. Gibt es keine erkennbare Ursache, so ist eine klinische Abklärung notwendig.

Blähungen

Eine Blähung entsteht durch Gasansammlung in den Darmschlingen. Je nach Ausmaß kann zusätzlich Atemnot auftreten. An dieser Stelle ist das Tier dringend behandlungswürdig. Der Tierarzt kann im Notfall versuchen, das Gas über eine Kanüle, die von außen in das Tier verbracht wird, zu entfernen, sofern dies nicht mit Gas auflösenden Medikamenten möglich sein wird. Bewegung oder Medikamente, die die Darmperistaltik anregen, helfen, das Gas auf natürlichem Wege auszuleiten. In erster Linie stecken Infektionen (Bakterien, Flagellaten z. B.) oder eine Fehlgärung infolge kohlenhydratreicher Nahrung – vor allem durch obstreiche Kost, die ungeeignete Zuckerarten enthält – dahinter. Seltener sind Fremdkörper die Ursache, vor denen sich im Darmtrakt Luft ansammelt. Direkt nach dem Handling und der damit verbundenen Aufregung mit übermäßiger Luftinspiration kann es zu einem aufgeblähten Bauch kommen, der sich aber nach ein paar Minuten wieder normalisiert.

Tiere mit Durchfall verlieren viel Flüssigkeit, die Haut liegt in Falten.

Zu große Futtertiere mit „scharfen" Hinterbeinen verursachen Verletzungen!

Gicht

Durch nierentoxische Medikamente, eine Nierenerkrankung, protein- und/ oder oxalatreiche Pflanzenkost und durch Flüssigkeitsmangel kann es zu Ablagerungen von Harnsäure im Organismus kommen. Bei gesunden Tieren wird über die Niere Harnsäure ausgeschieden. Ist die Niere aber erkrankt und in ihrer Funktion beeinträchtigt, verbleibt die Harnsäure im Blut und wird anschließend in Form von Harnsäurekristallen (Urate) entweder in anderen Organen (Viszeralgicht/ Nierengicht) oder in den Gelenken (Gelenksgicht) abgelagert. Durch Blutuntersuchungen wird bei fortgeschrittener Erkrankung ein erhöhter Harnsäurespiegel festgestellt. Meistens ist die Gicht bei Bartagamen mit ersten Krankheitsanzeichen schon sehr weit fortgeschritten. Sie sind apathisch und fressen kaum. Für den Tierbesitzer gut sichtbar sind die verdickten Gelenke bei einer Gelenksgicht. Die Tiere laufen schlechter, da die Entzündung im Gelenk schmerzhaft ist. Im Röntgenbild ist die Gicht nicht immer zu erkennen. Bei einer fortgeschrittenen Erkrankung mit sehr hohen Harnsäurewerten im Blut ist die Prognose sehr schlecht.

Verdickte Zehen entstehen durch Gicht oder durch einen Abszess.

In diesem Fall sollte über eine Euthanasie nachgedacht werden. Wird die Erkrankung aber rechtzeitig erkannt, besteht zumindest die Möglichkeit, den Prozess zu stoppen. Dem Tier muss ausreichend Flüssigkeit zugeführt werden. Ein spezielles Medikament verhindert die Bildung neuer Urate. Proteinreiches Futter sollte nur noch in Maßen gefüttert werden. Es empfiehlt sich die dauerhafte Verabreichung eines Schmerzmittels, da die bestehenden Gelenksveränderungen schmerzhaft bleiben. Die bereits abgelagerten Urate können nicht mehr beseitigt werden, die Blutwerte sich aber normalisieren und die Therapie kann sogar eingestellt werden. Da auch andere Erkrankungen, wie lokale Infektionen, die Ursache für verdickte Gelenke sein können, ist eine genaue Abklärung sinnvoll.

Nierengicht

Sehr häufig wird durch proteinreiche Nahrung oder ungünstige pflanzliche Kost ein Nierenschaden verursacht. Besonders oxalathaltige Pflanzen (s. S. 76f.) können das Nierengewebe stark schädigen. Betroffene Tiere fressen schlechter bis gar nicht, wirken apathisch und haben blasse Schleimhäute. Auffällig ist die sich in Falten legende Haut, die durch den Flüssigkeitsverlust entsteht. Ist das Tier bereits sichtbar erkrankt, sind die Aussichten auf eine erfolgreiche Behandlung oft nicht mehr vielversprechend. Die Nierenfunktion kann über die Untersuchung des Blutes beurteilt werden.

Leberkrankheiten

Infektiöse Lebererkrankungen werden bei Bartagamen hauptsächlich durch Salmonellen, Endoparasiten und seltener durch Adenoviren verursacht. Der überwiegende Teil der Leberkrankheiten wird allerdings durch Überfütterung und unsachgemäße Überwinterung verursacht. Adipöse Bartagamen lagern Unmengen an Fett in ihre Leber ein. Die entstandene Fettleber ist nicht mehr in der Lage, ihren wichtigen Aufgaben nachzukommen. Folglich sinkt die Immunabwehr und der Organismus wird anfällig für andere Erkrankungen.
Werden gut beleibte Bartagamen zudem bei zu hohen Temperaturen überwintert, kann der Stoffwechsel nicht richtig zurückgefahren werden. Die Tiere bleiben mobil und hungrig. Die bereits vorbelastete Leber wird dadurch weiter geschädigt.
Nach Beendigung der Winterruhe fallen die Tiere klinisch zumeist durch Futterverweigerung und Apathie auf. Eine Blutuntersuchung ergibt erhöhte Leberenzyme. Mit ausreichend Flüssigkeit, Leberschutzpräparaten und vorsichtiger Zwangsfütterung mit kleinen Mengen kann eine Therapie versucht werden. Die Prognose ist vor allem bei schwerer Leberschädigung ungünstig. In den meisten Fällen verenden die Tiere bereits während der Winterruhe.
Lebererkrankungen machen sich besonders bei Säugetieren durch gelb gefärbte Schleimhäute bemerkbar. Bei *Pogona vitticeps* kann es allerdings durch Einkreuzung anderer Bartagamenarten zu einer gelblichen Färbung der Maulschleimhaut kommen, die nicht mit einer Leber-Degeneration im Zusammenhang stehen muss.

Gelbe Maulschleimhaut eines gesunden Tieres.

Tumoren

Im Körper ist ein Tumor geplatzt. Durch die innere Blutung wird die Maulschleimhaut weiß.

Dieser linsen- bis erbsengroße Tumor wächst an verschiedenen Stellen am Körper.

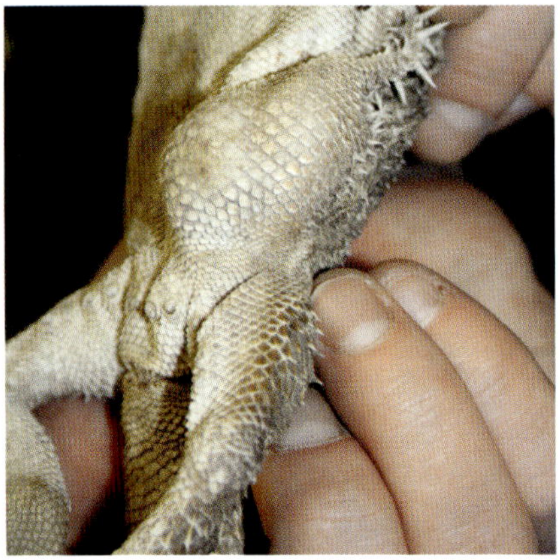

Dieser Tumor geht von den pigmentbildenden Zellen der Haut aus und muss sofort entfernt werden.

Tumorerkrankungen stehen bei Reptilien nicht im Vordergrund, doch mit zunehmenden Alter steigt die Wahrscheinlichkeit für das Auftreten von Tumoren, v.a. der Haut. Es empfiehlt sich, in jedem Fall eine genauere Abklärung der Umfangsvermehrung, um Tumore von einfachen Entzündungsreaktionen, wie einem Abszess oder einem Granulom, unterscheiden zu können. Diese Untersuchung geschieht mit einer Spritze am wachen Tier: Durch eine Feinnadelbiopsie werden Zellen aus der Umfangsvermehrung entnommen und untersucht. Handelt es sich um einen bösartigen Tumor, so sind die Therapieaussichten eher schlechter, da sie zu Rezidiven neigen. Gutartige Tumore, z.B. Hautpapillome, können so sie das Tier beeinträchtigen, mit guter Prognose entfernt werden. Zunehmend werden bei Bartagamen Tumore der Pigment bildenden Zellen in der Haut diagnostiziert. Ein schlechtes Allgemeinbefinden des Tieres ist im Anfangsstadium nicht zu beobachten. Allerdings können die Umfangsvermehrungen sehr groß werden und stören dann den Bewegungsablauf. Möglicherweise sind besonders Farbzuchten betroffen, die aufgrund der reduzierten Pigmentanteile sensibler auf UV-Strahlung reagieren. Nach Entfernung der Umfangsvermehrungen können wieder Neubildungen an anderen Stellen oder in der näheren Umgebung wachsen. Allerdings wurden bisher keine Metastasen beschrieben, was die Prognose bei vollständiger Entfernung verbessert.

Vitaminüberdosierung und Vergiftungen

Vitaminmangel und -überdosierung

Durch das reichhaltige Vitamintropfenangebot im Handel und deren übermäßige Verabreichung kommt es häufiger als vermutet zu Überdosierungen von Vitamin D3 und Vitamin A. Eine Hypervitaminose A äußert sich durch kürzere Häutungsintervalle bis zu flächenhaften, schmierigen Ablösungen der Haut. Kalziummangel im Skelett oder Verkalkungen der Blutgefäße und innerer Organe treten bei einer Überdosierung von Vitamin D3 auf. In diesem Fall kann es durch die Arterienverkalkung zu Nekrosen des Schwanzes oder der Zehen kommen.
Bei abwechslungsreicher Grünfütterung und einer guten UV-B-Quelle ist eigentlich kein Vitaminmangel zu erwarten. Vitamin A-Mangel verursacht Häutungsstörungen. Ein Mangel an Vitamin B kann Lähmungserscheinungen hervorrufen und ein Vitamin D3-Mangel bewirkt einen Kalziummangel und verursacht damit Rachitis und Osteomalazie. Ein sekundärer Mangel an Vitaminen kann durch Endoparasiten oder Magen-Darm-Infektionen hervorgerufen werden. Eine Allgemein- und Kotuntersuchung ist dann sinnvoll.

Vergiftung

Vergiftungen sind in der Terrarienhaltung relativ selten. Es muss zwischen schwach giftigen und stark giftigen Pflanzen unterschieden und auch die aufgenommene Giftmenge berücksichtigt werden. Eine Übersicht über giftige Pflanzen findet sich in zahlreichen Ausführungen in Pflanzenbestimmungsbüchern. Auch wenn immer wieder über einen Verzehr diverser für uns bekannter Giftpflanzen ohne gesundheitliche Folgen für Bartagamen berichtet wird, so ist es besser, auf die Verfütterung verdächtiger Pflanzen zu verzichten. Zu bedenken ist, dass besagte Pflanzen auch im natürlichen Lebensraum der Bartagamen nicht vorkommen und über die genauen Auswirkungen noch keine Langzeiterfahrungen vorliegen. Gefahren bestehen bei unkontrolliertem Freigang in der Wohnung. Viele Zimmerpflanzen, wie Amaryllis, Efeu, Engelstrompete, Dieffenbachie, Feigenbaum (Ficus), Weihnachtsstern, Yucca-Palme oder Alpenveilchen könnten nach übermäßigem Verzehr Vergiftungserscheinungen, wie Bauchkrämpfe, Erbrechen, Speichelbildung und Koordinationsstörungen hervorrufen. Auch das Freigehege sollte vor dem Besatz auf Ungiftigkeit der dort wachsenden Pflanzen geprüft werden (giftig z. B.: Fingerhut, Hahnenfuß, Buschwindröschen, Farn, Mohn, Raps, Rhabarber, Klatschmohn, Wolfsmilch, Narzisse, Efeu, Eibe, Mistel, Tomatenblätter, Krokus u. v. m.).
Eine Magenspülung oder ein Einlauf sind mit dem Erscheinen der Symptome und der damit weit zurückliegenden Aufnahme des Giftes weniger erfolgversprechend. Zusätzlich werden die Tiere mit Flüssigkeit durch eine Infusion versorgt.

Eins, zwei, viele!

Die Zucht

Mit zunehmender Tageslichtlänge und steigenden Temperaturen nach der Winterruhe geraten die Bartagamen in Paarungsstimmung und begeben sich auf Partnersuche.

Zuchtreife

Mit Eintritt der Geschlechtsreife, mit etwa einem Jahr, beginnt die Follikelanbildung am Ovar. Je nach Fütterungs- und Haltungsbedingungen kann die Geschlechtsreife früher oder später einsetzen, da das Erreichen der Geschlechtsreife bei Reptilien mit der Körpergröße im Zusammenhang steht. Die Eianbildung und -ablage erfolgt auch ohne Anwesenheit eines Männchens. Die abgelegten Eier sind dann, wie beim Huhn, unbefruchtet. Die Bartagamenarten *P. vitticeps* und *P. barbata* sind in der Lage, bereits vor der Eiablage neue Follikel am Ovar anzubilden. Mit dieser besonderen Fähigkeit ist es möglich, schon drei bis vier Wochen nach erfolgter Eiablage für ein weiteres Gelege zu sorgen. Innerhalb einer Fortpflanzungsperiode können üblicherweise etwa drei bis – in Ausnahmefällen – sogar sieben Gelege mit etwa 20 Eiern produziert werden. Die ersten Gelege der Legeperiode sind meistens größer und verfügen über mehr befruchtete Eier. Jüngere Tiere produzieren meistens vorerst weniger und kleinere Gelege als reifere Weibchen. Ab einem Alter von etwa fünf bis sieben Jahren nimmt die Legetätigkeit dann wieder ab.

Praxis Kastration

Da die Weibchen innerhalb einer Legeperiode auch unabhängig von der Anwesenheit eines Männchens unentwegt Eier produzieren, kann dies auf Dauer an die Leistungsgrenze der Tiere gehen. Um einer Legenot bzw. einer Mangelerscheinung vorzubeugen, ist besonders während der Zeit der Eiproduktion auf eine optimale Ernährung zu achten. Tritt wiederholt Legenot auf, kann bei diesen Weibchen mit sehr intensiver Legetätigkeit eine Kastration, die Entfernung der Ovarien und des Legedarms, in Erwägung gezogen werden. Auch die Kastration männlicher Tiere bei gesteigertem Fortpflanzungstrieb und Aggression gegenüber Artgenossen kann in Einzelfällen sinnvoll sein.
Es sollte dennoch bedacht werden, dass das Fortpflanzungsverhalten eine natürliche Verhaltensweise ist und der Halter primär versuchen sollte, die Tiere so artgerecht wie möglich zu halten. Dazu gehört auch die Anschaffung weiterer Terrarien, die für das vorübergehende Separieren von Einzeltieren, wie ein sexuell hyperaktives Männchen oder ein geschwächtes Weibchen, eingesetzt werden können. Eine Operation sollte demzufolge als letzte Instanz erfolgen. Derzeit werden Hormonpräparate an Reptilien getestet, die das Sexualverhalten männlicher Tiere eindämmen können. Diese könnten, so sich eine Wirksamkeit bei Echsen bestätigt, wie bei Katzen und Hunden eine gute Alternative zur Operation darstellen.

Gesundheitsvorsorge

Vor der ersten Eiablage sollten die Elterntiere, v. a. aber die Weibchen, auf Endoparasiten getestet und behandelt werden, da v. a. Kokzidien-Oozysten an der Eischale bereits beim Schlupf auf die Babys übertragen werden.
Die noch abwehrschwachen Schlüpflinge können je nach Erregeranzahl schwer erkranken und an den Folgen sterben. Ziel sollte es sein, Zuchttiere kokzidienfrei zu bekommen. Zur Zucht sollten nur gesunde, gut genährte, genetisch fremde Tiere verwendet werden. Inzest – die Verpaarung von Geschwistertieren oder anderen Familienmitgliedern – ist zu vermeiden. Die Legetätigkeit zehrt enorm an den Tieren. Für die Eier benötigt das Weibchen viel Kalzium und Energie. Demzufolge muss einerseits die Ration erhöht werden und andererseits auf eine ausreichende Proteinversorgung, Mineralstoff-und Vitaminsubstitution sowie auf eine optimale UV-B-Bestrahlung geachtet werden. Die Verabreichung des reinen Kalziumpräparates kann nun verdoppelt werden. Nur gesunde, abwechslungsreich ernährte Muttertiere können dem heranwachsenden Nachwuchs eine gute Basis fürs Leben bieten. Die Versorgung der Mutter spielt bereits bei der Dotterbildung im Ovar des Weibchens eine bedeutende Rolle. Das Dotter ist die Nahrungsgrundlage des wachsenden Embryos im Ei.
Vielen Besitzern stellt sich in dieser Zeit die Frage, wie man die Legetätigkeit der Weibchen einschränken kann. Dies ist allerdings nur durch eine Kastration machbar. Vermutlich werden aber die Weibchen durch die Anwesenheit eines männlichen Tieres zusätzlich zur Eiablage stimuliert.

Bevor überhaupt Nachwuchs produziert wird, muss man sich im Klaren sein, wer die Jungtiere übernimmt.

Paarung

Die Paarungsperiode wird eingeleitet durch zunehmende Tageslichtlänge, steigende Temperaturen und stärkere Lichtintensität. Sind geschlechtsreife Weibchen anwesend, werden sie vom männlichen Tier immer wieder beworben und begattet. Mit heftigem, ruckartigem Kopfnicken und schwarz gefärbter Kehle versucht es vorerst Eindruck zu schinden. Manche Männchen stampfen eindrucksvoll mit den Beinen. Flüchtet das weibliche Tier, jagt ihm das Männchen hinterher. Ist das Weibchen paarungsbereit, nickt es langsam und winkt mit den Vorderbeinen in geduckter Haltung. Daraufhin nähert sich das Männchen, um es von einer Seite durch einen Nackenbiss während der Paarung festhalten zu können. Anschließend steigt das Männchen mit einem Hinterbein über die Schwanzwurzel des weiblichen Tieres und schiebt seine Schwanzbasis an die des Weibchens. Der dem Weibchen zugewandte Hemipenis wird nun in die Kloake eingeführt. Es kommt zur inneren Befruchtung. Dieser Vorgang dauert in der Regel etwa 1 Minute. Wehrt sich das Weibchen, kann es sein, dass es vom Männchen durch das gesamte Terrarium geschleppt wird, bis es sich endlich ergibt.
Bei Gruppenhaltung sollten zur Paarungszeit mindestens zwei geschlechtsreife Weibchen anwesend sein, damit sich die Begattungsstrapazen zumindest halbieren. Am sinnvollsten ist es allerdings, die Männchen nur für die gewünschte Paarungszeit für ein paar Tage bei den Weibchen zu belassen und sie dann einzeln zu halten. Somit haben die Weibchen die nötige Ruhe, um einerseits Reserven für die anstrengende Legezeit zu sammeln und andererseits keinen Stress bei der Eiablage. Auch für die männlichen Tiere stellt

Paarungsbiss des Männchens in den Nacken des Weibchens.

die Anwesenheit der Weibchen Stress dar, der sich durch Appetitlosigkeit und Gewichtsabnahme bemerkbar machen kann. In einigen Fällen kann es sein, dass das weibliche Tier den zur Verfügung stehenden Partner nicht akzeptiert. Vielleicht ist das Weibchen noch nicht reif genug, vielleicht aber ist das Männchen aus welchen Gründen auch immer einfach unsympathisch. Schlagen die Paarungsversuche immer wieder fehl, da sich das Weibchen dem Männchen permanent verweigert, sollte dies auch vom Halter akzeptiert werden. Der aufdringliche Bartagamenmann sollte dann auch vom Weibchen getrennt werden. Ein paar Wochen später kann es erneut versucht werden. Die durch den Nackenbiss entstandenen Wunden verheilen in der Regel unproblematisch. Der Heilungsverlauf sollte aber beobachtet werden. Offene Stellen werden mit einem feuchten, sauberen Tuch gesäubert und ggf. mit einer Wund- und Heilsalbe bzw. einer antibiotischen Creme dünn abgedeckt.

Deutliche Wölbungen am Bauch weisen auf ein bevorstehendes Gelege hin.

Das Weibchen verfügt über die Möglichkeit der Samenspeicherung in einer Ausbuchtung der Vaginalwand. So kann es innerhalb einer Fortpflanzungsperiode nach einer erfolgreichen Paarung auch ohne weiteres Männchen mehrere befruchtete Gelege geben.

Das Paarungsritual des Männchens ist alles andere als zärtlich.

Trächtigkeit und Eiablage

Während der Fortpflanzungszeit legen die Weibchen unermüdlich mehrere Gelege ab. Die Ovarien produzieren ständig neue Follikel, deren Inhalt, der Dotter, zur selben Zeit in den Legedarm zur Schalenanbildung abgegeben werden. Da dieser Prozess vom Halter nicht gesehen oder bemerkt wird, kann auch der Zeitpunkt der Eiablage nicht vorausgesagt werden. Die Zeitspanne bis zur Eiablage kann variieren und ist abhängig vom Reifezustand der bisher angebildeten Follikel. In der Regel dauert die Trächtigkeitsphase, die Zeitspanne von der Paarung bis zur Eiablage, etwa vier bis fünf Wochen. Wenige Tage vor der Eiablage zeichnen sich die im Bauch befindlichen Eier als kleine Wölbungen am Bauch ab, die bei kleineren Gelegen nicht immer deutlich zu sehen sind. Der Besitzer sollte nun besonders vorsichtig beim Hantieren mit dem Tier sein. Je nach Gelegegröße verteilen sich die Eier in der gesamten Zölomhöhle bis unter die Lunge. Aus diesem Grund fällt das Atmen schwerer, die Bewegung und der Verdauungsvorgang werden eingeschränkt. Einige Weibchen fressen weniger oder stellen die Futteraufnahme gänzlich ein.

Eiablage

Nun ist es an der Zeit, geeignete Ablageplätze zu schaffen. Diese befinden sich möglichst sichtgeschützt zu anderen Artgenossen in einer stressfreien, ruhigen Umgebung. Idealerweise werden die Mitbewohner bis zur Eiablage des

Geeignete Ablagekiste mit grabfähigem Sand-Erde-Gemisch.

Weibchens in einem anderen Terrarium untergebracht. Das trächtige Tier selbst sollte aber möglichst in seiner vertrauten Umgebung bleiben. Bevorzugt wird grabfähiges, leicht feuchtes Bodensubstrat mit einer Temperatur im Bereich von etwa 27–29 °C. Oft wird angefeuchteter Spielsand benutzt, der durch den Zusatz von ungedüngter Erde oder Lehmpulver grabfähig gemacht werden kann. Die weibliche Bartagame macht über einige Tage mehrere Probegrabungen an verschiedenen Stellen, bis sie sich für einen geeigneten Platz entscheidet. Aus diesem Grund empfiehlt es sich, im Terrarium verschiedene potenzielle Ablageplätze zu schaffen. Da sich die Tiere in einem Winkel von etwa 45° zur Oberfläche vollständig eingraben, sollte die Grabtiefe mindestens der Körperlänge des Weibchens, etwa 35 cm, entsprechen. In diesem Grabgang wird wiederum in einem 45°-Winkel etwa 15 cm seitlich gegraben. Dort drehen sich die Weibchen wieder herum und legen nach und nach durchschnittlich etwa 20 Eier auf den Bodengrund. Die anstrengende Eiablage kann bis zu 3 Stunden andauern. Anschließend wird der Gang sorgfältig wieder mit Sand aufgefüllt und die Oberfläche mit dem Maul begradigt, um die Ablegestelle als solche unkenntlich zu machen. Brutpflege wird von Bartagamen nicht betrieben. Das Gelege wird nun seinem Schicksal überlassen.

Wenn die erforderlichen Bedingungen für eine Eiablage im Terrarium nicht erreicht werden können, eignen sich mit Sand gefüllte Kunststoffkisten, die in das Terrarium gestellt werden können. Auf etwa 2/3 der Kiste wird ein Deckel aufgelegt, damit sich das Weibchen unbeobachtet fühlt. Die Kiste wird unter einen Spot gestellt, der die gewünschte Temperatur im Kisteninneren konstant hält. Das Weibchen kann dann ab und an hineingesetzt werden, damit es sich mit der neuen Umgebung vertraut machen kann. Über Ein- und Ausstiegshilfen kann es sich dann selbst entscheiden zu bleiben oder vorerst woanders weiterzusuchen.

Dauern die Probegrabungen länger als eine Woche oder wirkt das Weibchen sehr apathisch und beendet den Grabvorgang ohne erfolgreiche Ablage, so liegt eine Legenot vor (s. S. 108). Das Tier sollte umgehend dem Tierarzt vorgestellt werden.

Die Eiablage ist ein anstrengender Vorgang und kann Stunden dauern.

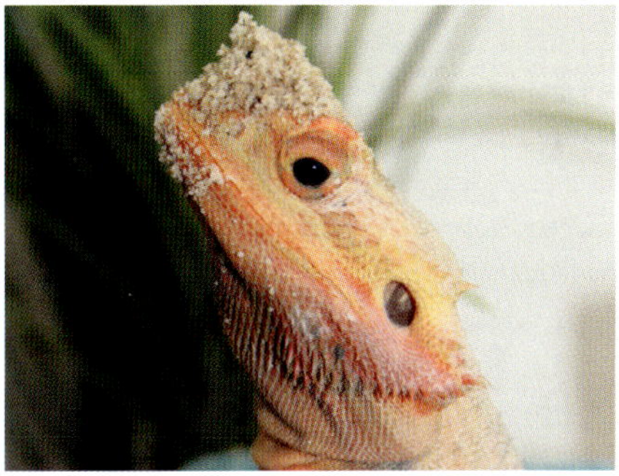

Nach der Eiablage braucht das Weibchen eine Erholungspause.

Inkubation

Nachdem das Weibchen sich von der Ablagestelle entfernt hat, können die Eier vorsichtig ausgegraben werden. Einfache Hilfsmittel sind beispielsweise Teelöffel und Pinsel. Schicht für Schicht wird der Sand bis zum Gelege abgetragen. Die ovalen etwa 2,5 cm langen und 1,5 cm breiten Eier sind weichschalig, prall gefüllt und weiß. Markieren Sie die Oberseite der Eier mit einem kleinen Bleistiftpunkt, da sie beim Überführen in das Brutsubstrat nicht gedreht werden dürfen. Während der Dotter nach unten sinkt, legt sich die Keimscheibe bereits wenige Stunden nach der Eiablage an die oben liegende Eischale an. Bei genauem Hinschauen ist die Keimscheibe durch die Eischale hindurch als dunkler Fleck zu erkennen. Würden die Eier nun gedreht, würde der Embryo absterben. Die kleineren, gelben unbefruchteten Eier werden aussortiert, während die befruchteten Eier in die vorbereiteten Brutkisten überführt werden.

Brutkiste

Als Brutkisten eignen sich mit Luftlöchern versehene Heimchendosen. Diese werden mit etwa zwei bis drei cm reinem Vermiculite und anschließend so weit mit warmem Wasser gefüllt, dass das Brutmaterial bedeckt ist. Nach ein paar Minuten wird das Wasser wieder herausgedrückt. Das Vermiculite ist nun feucht. In das Brutsubstrat werden mit den Fingern kleine Gruben vorgedrückt, sodass die Eier mindestens bis zur Hälfte im Brutmaterial verschwinden. Die Brutkisten standen bereits zum Anwärmen im vorgeheizten Inkubator. Als Brutsubstrat wird auch gerne

Vorsichtiges Freilegen der Eier.

Von unten nach oben: Befruchtetes Ei, unbefruchtetes, beschädigtes Ei, verklebte unbefruchtete Eier eines Geleges

reines Perlite oder Tonkörner, z. B. Seramis, verwendet. Ungünstig sind Sand, da er relativ luftundurchlässg ist, und Späne, die an den Eiern kleben bleiben.

Feuchtigkeit und Luftaustausch

Während der Inkubation gewinnen die Eier bei ausreichend Feuchtigkeit an Masse und Größe – sie „wachsen" primär durch Aufnahme von Wasser. MÜLLER (2010) dokumentierte eine durchschnittliche Massezunahme der Bartagameneier von der Eiablage bis kurz vor dem Schlupf von etwa 3,4 g. Ist es zu trocken, kommt es zu Eindellungen in der Eischale, und das sich entwickelnde Jungtier stirbt infolge des Flüssigkeitsverlustes. Aus diesem Grund soll die Luftfeuchte bei mindestens 90 % liegen und die verdunstete Flüssigkeit muss ersetzt werden, ohne dass die Eier dabei mit dem Wasser in Berührung kommen. Durch wöchentliches Wiegen der Eierbox kann die verdunstete Flüssigkeitsmenge ermittelt werden.
Um Schimmelbildung zu vermeiden, dürfen die Eier nicht nass liegen und es soll kein Kondenswasser auf sie tropfen. Die Deckel der Brutkisten müssen bei ausreichender Luftfeuchte nicht aufgelegt werden. Erst kurz vor dem Schlupf empfiehlt es sich, die Deckel zu schließen, damit die Jungtiere nicht entweichen. Die geöffneten Deckel begünstigen den Gasaustausch in der Box. Auch der Inkubator sollte täglich für wenige Sekunden zum Lüften geöffnet werden. Um ein Begutachten der Eier ohne ständiges Öffnen zu gewährleisten, sind Brutkisten und Inkubatoren mit transparentem Deckel von Vorteil. Überprüft werden täglich die Temperatur, die Luftfeuchte und der Zustand der Eier. Kurzfristig zu trocken gehaltene Eier mit bereits eingedellter Oberfläche müssen übrigens nicht verloren sein, sondern können sich noch „erholen".

Info Inkubatoren

Bartagameneier sind relativ unsensibel und die Bebrütung in selbst gebauten Inkubatoren gelingt oft ohne Probleme. Gebrauchte Inkubatoren gibt es allerdings im Internet bereits für wenig Geld. Dafür spart man sich die Zeit für den Bau und muss sich über die einwandfreie Funktion und die Konstanz der notwendigen Klimaverhältnisse keine Sorgen machen.

Temperatur

Die Inkubationstemperatur sollte konstant zwischen 27–29 °C gehalten werden. Je höher die Inkubationstemperatur ist, desto kürzer ist die Bebrütungsdauer. Temperaturen außerhalb des empfohlenen Intervalls führen aber zur verminderten Schlupfrate und zu mehr Pilzinfektionen. Ob eine der Natur nachempfundene Nachtabsenkung der Bruttemperatur um etwa 1–2 °C tatsächlich die Vitalität der Jungtiere steigert, ist noch nicht ausreichend wissenschaftlich gesichert. Relativ sicher ist mittlerweile, dass das Geschlecht bei Bartagamen genetisch fixiert ist und sich nicht durch die Bruttemperatur beeinflussen lässt.

Der Schlupf

Etwa 55–90 Tage nach der Eiablage schlüpft der erste Bartagamennachwuchs. Die eigenen Jungtiere wogen nach dem Schlupf zwischen 2–3 g. Die Zeit bis zum Schlupf kann je nach Temperatur und Luftfeuchte um ein paar Tage variieren. In der Regel schlüpfen Geschwister zeitgleich. Allerdings gibt es auch hier wenige Tage Differenz. Meist ist dies abhängig vom Standort im Inkubationsgerät. Brutkisten, die direkt unter der Wärmeschleife stehen, benötigen eine kürzere Entwicklungszeit als Geschwister, die am geringfügig kühleren Rand untergebracht wurden. Geschwistereier dürfen aus diesem Grund nicht vorzeitig geöffnet werden. Ein relativ sicheres Anzeichen für den bevorstehenden Schlupf sind sich bildende Wassertropfen an der Eioberfläche und das Einfallen der Eischale. Während der Entwicklung im Ei bildet sich ein kleiner Hornzapfen an der oberen Maulspitze. Dieses Gebilde, der Eizahn, wird benötigt, um die Eischale zu durchbrechen. Er verschwindet wenige Tage nach dem Schlupf wieder. Der Schlupf ist sehr kräftezehrend und dauert einige Stunden. Nach dem Durchbrechen der Eischale verharren die Schlüpflinge noch einige Minuten bis Stunden im Ei, um sich nun an die Lungenatmung zu gewöhnen und um sich zu erholen, bis das Ei vollständig verlassen wird. An einigen frisch geschlüpften Tieren hängt noch ein kleiner Rest vom Dottersack. Jungtiere mit noch nicht geschlossener Bauchdecke bzw. noch vorhandenem Dotter müssen separat auf einer sauberen Unterlage und bei ausreichender Luftfeuchte gehalten werden. In der Regel fällt das abgetrocknete Stück in kürzester Zeit von alleine ab. Die ersten 2–3 Tage verbringen alle Schlüpflinge in einer mit leicht feuchtem Zellstoff ausgekleideten Extrabox im Inkubator. Dort können sie sich in Ruhe bei optimaler

Das „Schwitzen“ kündigt den bevorstehenden Schlupf der Jungen an.

Temperatur und ausreichend hoher Luftfeuchte vom anstrengenden Schlupf erholen. In dieser Zeit benötigen sie noch kein Futter.

Hilfe beim Schlupf?

Bei gut konditionierten Muttertieren und unter optimalen Inkubationsbedingungen wird es sehr selten abgestorbene, missgebildete Jungtiere oder Probleme beim Schlupf geben. In der Regel betrifft dies nur geschwächte, unterentwickelte Jungtiere.
Schafft es das Jungtier nicht von allein, wird es mit hoher Wahrscheinlichkeit auch nach dem Schlupf Entwicklungsdefizite aufzeigen und ein Problemtier bleiben oder es stirbt. Zudem besteht beim Helfen die Gefahr, ein noch nicht reifes Tier zu stören und damit unnötig zu schädigen.

Missbildungen

Insbesondere starke Temperaturschwankungen oder zu hohe und zu niedrige Temperaturen im ersten Drittel der Inkubationszeit können zu missgebildeten Jungtieren führen. Eingeweidevorfälle, verkürzte Unterkiefer, missgebildete Gliedmaßen usw. müssen also nicht immer genetisch bedingt sein.

Dottersackentzündungen

Unter guten Hygienebedingungen und ausreichender Luftfeuchte sind gerötete, geschwollene, unangenehm riechende Entzündungen im Nabelbereich selten. Die Jungtiere sollten täglich am Bauch kontrolliert und bei Erkrankungsverdacht tierärztlich behandelt werden.

Der Dottersackrest befindet sich noch an der Bartagame. Die Bauchdecke ist noch offen.

Die Bauchdecke dieses Jungtiers ist sauber und fast geschlossen.

Voreilig geöffnete Eier enthalten noch unreife Tiere mit nicht aufgebrauchtem Dottersack.

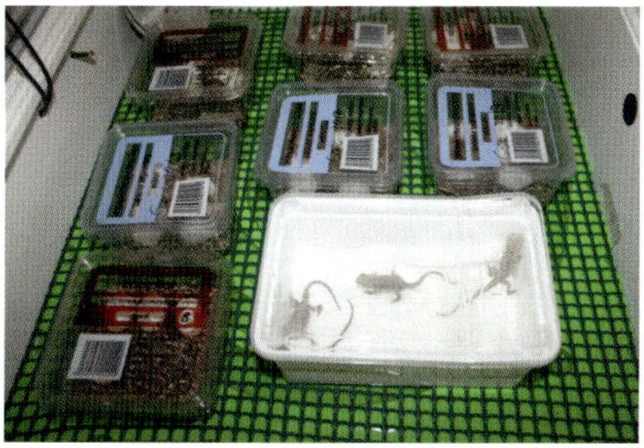

Bereits geschlüpfte Bartagamen werden in eine separate Box im Inkubator gesetzt.

Schlüpflinge aufziehen

Während sich der frisch geschlüpfte Nachwuchs noch für zwei bis drei Tage im Inkubator befindet, kann das zukünftige Terrarium eingerichtet und vorgeheizt werden. Eine Aufzucht mit den Elterntieren zusammen ist nicht möglich. Der Versuch, Schlüpflinge mit Mutter und Vater bekannt zu machen, würde innerhalb weniger Sekunden an der Fressgier der Eltern scheitern.

Das Aufzuchtterrarium

Die Temperatur im Aufzuchtterrarium entspricht den empfohlenen Haltungsoptima. Als hygienischer, leicht auszutauschender Bodengrund eignet sich Zellstoff, der im Gegensatz zu Zeitungspapier in der Lage ist, Feuchtigkeit aufzunehmen. Die Luftfeuchte muss auch tagsüber noch etwas höher liegen, da die Jungtiere bis zu zwei Wochen brauchen können, um selbstständig genug Futter und Wasser zu sich zu nehmen. Bis dahin zehren sie noch von den Reserven des aufgenommenen Dotters. Das Aufzuchtterrarium sollte noch relativ klein und übersichtlich gestaltet sein, damit die Jungtiere den Überblick während der Fütterung nicht verlieren und die Wasser- und Futterstellen nicht aktiv suchen müssen. Bewährt haben sich separate Boxen aus Kunststoff, die vorerst in das zukünftige größere Terrarium gesetzt werden können. Von großem Vorteil sind die undurchsichtigen Wände, um die Jungtiere sichtgeschützt und damit stressfrei halten zu können. Ganz wichtig ist es aber, dass auch bei kleineren Terrarien unbedingt kühlere Bereiche von etwa 25 °C garan-

Munter umherlaufende Tiere stören noch schlüpfende Geschwister bzw. zerstören deren Eihülle.

tiert werden können, da die kleinen Bartagamen besonders empfindlich auf zu hohe Temperaturen reagieren.

Trinken

Die Wasserschale sollte nur flach befüllt werden, um ein Ertrinken verhindern zu können. Das Wasser muss mehrmals täglich gewechselt werden, da die Babys gerne darin herumlaufen und hineinkoten. Ein tägliches Tränken per Pipette ist bei gesundem Nachwuchs und ausreichend Luftfeuchte sowie Sprühwasserresten, die gerne aufgeleckt werden, nicht nötig. Gelegentlich können die Kleinen ab und an in ein etwa 30 °C warmes Wasserbad gesetzt werden, um die Wasseraufnahme zu fördern. Dies ist aber nicht unbedingt erforderlich, wenn die Haltungsbedingungen im Normbereich liegen.

Das Baby-Terrarium sollte einfach und übersichtlich sein.

Erste Fütterungen

Nach ein paar Tagen des ungeduldigen Wartens beginnen sich die Jungtiere nun aktiv auf die ersten Insekten zu stürzen. Von diesem Tag an muss mindestens vier- bis fünfmal täglich in regelmäßigen Abständen gefüttert werden. Die Futtertiere sollten kleiner als die Maulbreite der Babys sein. Empfehlenswert ist die Verfütterung von kleinen Heimchen oder Grillen im Wechsel mit kleinen Schaben und Heuschrecken. Mehlwürmer oder Zophobas sollten seltener, und wenn, dann nur frisch gehäutet und in sehr geringen Mengen, ggf. zerkleinert, angeboten werden, da sie vor allem bei jungen Bartagamen schnell zu Verstopfungen oder Lähmungen mit Todesfolge führen. Zu Beginn sind einige Jungtiere sehr scheu und können sehr irritiert auf ihr Lebendfutter reagieren. Deshalb sollten nicht zu viele Futtertiere auf einmal in das Terrarium gegeben werden. Eine hochwandige Schüssel aus der die Insekten nicht entweichen können, zu der die hungrigen Jungtiere aber ungehinderten Zugriff haben, ist eine gute Anfangslösung, um noch ängstliche Bartagamenjunge nicht mit umherlaufenden Insekten zu stressen. Von Anfang an wird auch den Jungtieren eine Schüssel mit Sepiabrocken angeboten, um den Zugriff auf Mineralstoffe jederzeit gewährleisten zu können.

Futterzusätze

Auch den Jungtieren wird bei etwa jeder zweiten Fütterung ein Kalzium- und ein Vitaminpräparat im Wechsel verabreicht. Von Anfang an muss permanent frischer Mischsalat bereitstehen. Besonders bewährt haben sich Pflanzentöpfe, wie Golliwoog oder andere Kräuter, die zusätzlich zum Salatangebot in das Terrarium gestellt werden. Während der ersten Lebenswochen können sich die Jungtiere, abhängig von der Futteraufnahme, sehr unterschiedlich schnell entwickeln. Eine Sortierung nach Gruppen gleichgroßer Tiere kann dann sinnvoll sein, um auch den kleineren Bartagamen die Chance auf genug Nahrung zu geben. Alternativ sollte der Besitzer während jeder Fütterung die schlecht fressenden Tiere bevorzugt mit Futter versorgen, indem er die gierigen Fresser zurückhält oder diese vorerst aussortiert und sie erst gegen Ende der Fütterung wieder dazusetzt.
Wichtig ist es aber dennoch, die Jungtiere ganz genau im Auge zu behalten. Unterdrückte Tiere, die sich verstecken, dunkel gefärbt sind, ständig an der Scheibe kratzen, nicht oder sehr schlecht fressen oder im Wachstum zurückbleiben, müssen aus der Gruppe entfernt und vorerst einzeln aufgezogen werden. Eine Untersuchung auf Endoparasiten ist ratsam, da sich besonders Einzeller, wie Kokzidien oder Flagellaten, unter Stress schneller vermehren können.
In einer großen Gruppe werden sich meistens zwei Fraktionen entwickeln: Die gierigen, großen, aggressiven „Fresser“ und die schüchternen „Kleineren“, die erst fressen, wenn die anderen satt sind. Gelingt es nicht, die Jungtiere durch ein individuelles Fütterungsregime etwa gleichgroß zu halten, sollte die Gruppe gespalten werden.
Vor der Abgabe an einen neuen Besitzer mit etwa acht Wochen sollte auch der Kot auf Parasiten untersucht werden. Sind alle Tiere scheinbar gesund, wird eine Sammelkotprobe eine aussagekräftige Diagnose aller Tiere liefern.

Um den Konkurrenzdruck gering zu halten, sollen die Sonnenplätze groß genug und auf einer Ebene sein.

Kannibalismus

Kannibalismus, das sich gegenseitige Beißen und Anfressen, ist ein Problem, das hauptsächlich in den ersten drei bis vier Lebensmonaten auftreten kann. Gibt es zudem zu starke Differenzen in der Körpergröße, werden in Ermangelung von Futter durchaus die kleineren Geschwister gefressen.
In der Literatur werden hauptsächlich eine unübersichtliche Gruppengröße, unterschiedlich große Jungtiere und Futtermangel dafür verantwortlich gemacht. Aus diesem Grund wird gerne empfohlen, die Gruppengröße ab einem Alter von etwa drei Wochen auf maximal vier Tiere zu beschränken oder dringend auf eine einheitliche Größe der jungen Bartagamen zu achten.
Das Hauptproblem liegt meiner Meinung nach vor allem am Futtermangel. Junge Bartagamen haben hauptsächlich Wachstumsleistung zu vollbringen. Sie sind die erste Lebenszeit damit beschäftigt, so viel Fressbares wie möglich zu finden. Viel Protein bedeutet

schnelles Wachstum und genug Reserven, was wiederum höhere Überlebenschancen bietet. Da sich Bartagamen hauptsächlich visuell orientieren, reagieren sie, besonders unter Hunger, auf alles, was sich bewegt. Dabei fällt es den gierigen, aufgeregten Babys mitunter sehr schwer, zwischen kleinen braunen Insekten und sich bewegenden zarten Krallen und Schwanzspitzen zu unterscheiden.

Die Ursachen für das Abbeißen der Zehen und Schwänze geht aber vermutlich auch auf weitere Gründe zurück. Infrage kommen zum Beispiel weiterhin Inzucht, schlechte Grundversorgung bzw. Mangel an Nährstoffen bei den Elterntieren, ungenügendes Insektenangebot bei den Jungtieren, fehlendes abwechslungsreiches Grünfutter vom ersten Tag an, ungleichmäßige Futterverteilung unter den Jungtieren, fehlende Ausweich- und Versteckmöglichkeiten, zu deutliche Größenunterschiede unter den Jungtieren, zu dunkle Haltung, Endoparasitenbefall, uneffektive UV-B-Versorgung oder suboptimale Klimabedingungen, v. a. zu hohe Haltungstemperaturen und eine zu geringe Luftfeuchte mit Wassermangel.

Bei ausreichendem, abwechslungsreichem Nahrungsangebot (mindestens viermal täglich füttern!), natürlichem Sonnenlicht und fast ebener Sitzerhöhung funktionierte die eigene Aufzucht auch in größeren Gruppen von etwa 15–20 Tieren bis zur Abgabe mit spätestens vier Monaten bisher immer ohne Probleme. Es ist sogar anzunehmen, dass es in einer größeren Gruppe für die Jungtiere schwieriger wird, eine

Hierarchie, also eine feste Rangordnung, aufzubauen. Demzufolge bleibt der Konkurrenzdruck geringer. Ab einem Alter von etwa vier Monaten lässt mit der vermehrten Akzeptanz des Grünfutters auch die Neigung zum Kannibalismus nach.

Wachstum

Da Bartagamenjungtiere die ersten Tage nach dem Schlupf noch kein Futter aufnehmen, wird ihr Wachstum erst ab dem zweiten Lebensmonat deutlich. Die Wachstumsgeschwindigkeit und die Körpermassezunahme hängen v. a. von der Art der Futtertiere und von der Fütterungshäufigkeit- und der Fütterungsmenge ab. Je mehr energiereiches Futter die Jungtiere erhalten, desto schneller erreichen sie auch ihre Endgröße und die Geschlechtsreife. Nach Studien von VOSJOLI et al. (2001) kann die Wachstumsleistung der Körpermasse innerhalb der ersten 6 Monate unter intensiver Fütterung um 5 % gesteigert werden. Somit erreicht ein 2,5 g schwerer und etwa 10 cm langer *Pogona vitticeps*-Schlüpfling innerhalb eines halben Jahres eine Körpermasse von 100–115 g und eine Gesamtlänge von über 30 cm. Diese Angaben dürfen aber nur der Orientierung dienen, da die Messwerte von vielen Faktoren abhängig sind und damit nicht verallgemeinert werden dürfen. Prinzipiell ist eine forcierte Aufzucht nicht uneingeschränkt empfehlenswert. In den ersten Lebenswochen benötigen die kleinen Bartagamen sehr häufig Futter, um zu wachsen, aber ab einem Alter von etwa vier Monaten sollte darauf geachtet werden, dass vermehrt Salat aufgenommen wird. Werden weiterhin vorwiegend Insekten oder sehr fettreiche tierische Kost angeboten, können die Tiere sehr schnell zu dick werden und ernsthaft erkranken.

Praxis **Nachwuchssorgen**

Die Nachzucht der Bartagamen gelingt relativ unkompliziert. Da ein Weibchen mehr als 100 Eier im Jahr produzieren kann, ist leicht nachzuvollziehen, dass der Markt längst übersättigt ist. Auch die Nachfrage nach Farbzuchten ist mittlerweile geringer, als bereits Tiere vorhanden sind.

Aus diesem Grund sollten Sie sich im Vorfeld genau überlegen, ob sich eine Bebrütung lohnt und ob und wohin die Jungtiere in gute Hände weitergegeben werden können.

Kümmerlinge

Sollte eine Aufzucht unter optimalen Bedingungen, Einzelhaltung, ausreichender Pflege und optimaler Fütterung trotzdem nicht gelingen, handelt es sich um einen sogenannten „Kümmerling“. Ist ein Parasitenbefall (v. a. Kokzidien, Flagellaten und Oxyuren) bzw. ein Mineralstoff- und Vitaminmangel auszuschließen, kommen beispielsweise genetische Schäden, wie angeborene Organdefekte oder Störungen während der Embryonalentwicklung als Ursache in Betracht. Quält sich das Tier, sollte über eine Erlösung des Tieres nachgedacht werden.

Ein Warmwasserbad kann, muss aber nicht angeboten werden. Oft wird es aber von den Jungtieren genossen.

Kümmerlinge fressen kaum und sind anfällig gegenüber Krankheiten.

Bastarde

In Australien wurden bisher keine Bastarde nachgewiesen, obwohl sich die Lebensräume einiger Arten überschneiden. In der Terraristik gelangen allerdings fortpflanzungsfähige Kreuzungen zwischen *P. henrylawsoni* und *P. vitticeps*, sogenannte „Vittkins“ und zwischen *P. mitchelli* und *P. minor*. Auch von einem erfolgreichen Nachzuchtprojekt zwischen *P. barbata* und *P. vitticeps* wurde berichtet. Allerdings waren die Nachzuchten nicht fortpflanzungsfähig. Hinsichtlich der Arterhaltung und der Gesundheit ist es abzulehnen, Mischlinge zu produzieren. Hybriden lassen sich optisch auch nicht deutlich zuordnen.

Service

Quellen

Das komplette Verzeichnis der verwendeten Quellen und Literatur finden Sie auf unserer Homepage **www.kosmos.de**

DIEGEL I. (2010): Aktuelle Empfehlungen zur UV-Versorgung von Reptilien. elaphe 18 (3): 26–30

DIEGEL I. (2011): Schätzung der UVB-Leistung von Terrarienlampen mit den Solarmetern 6.5 und 6.2 und Aktuelle Lampenempfehlungen – Update 2011, AGARK Reptilientagung, Bonn

FINKE M.D. (2003): Gut Loading to Enhance the Nutrient Content of Insects As Food for Reptiles: A Mathematical Approach. Zoo Biology 22:147–62

HENDRIKS W.H. (2010): Effects of vitamin D3 supplementation and UVB exposure on the growth and plasma concentration of vitamin D3 metabolites in juvenile bearded dragons (Pogona vitticeps). Comp.Biochem.Physiol. B, doi:10.1016/j.cbpb.2010.02.008

SCULLION F.T., SCULLION M.G. (2009): Gastrointestinal Protozoal Diseases in Reptiles. Journal of Exotic Pet Medicine, Vol. 18, Issue 4, 266–78

SWAN M., GOODALL D. (2010): An indroduction to Keeping & Breeding Australian Reptiles. Herp. Books, Lilydale

WOLF P., GRABOWSKI N. (2010): Chemical composition of prey animals used as feed for pet animals. Proc. ESVCN, Zürich, 6.–8. September 2010, 42

Hilfreiche Links

www.dght.de
Deutsche Gesellschaft für Herpetologie und Terrarienkunde e.V.

www.exomed.de
Exomed – Institut für veterinärmedizinische Betreuung niederer Wirbeltiere und Exoten

www.tierarzt-schwelm.de
Aktuelle Zusammenstellung zur idealen Beleuchtung

www.uvguide.co.uk
Englischsprachige Site mit Informationen rund um UV-Lampen

Zum Weiterlesen

Drewes, Oliver: **Kompaktwissen Agamen.** Vivaria, 2009

Köhler, Gunther: **Inkubation von Reptilieneiern** – Grundlagen, Anleitungen und Erfahrungen. Herpeton, 2004

Minch, Marion: **Handbuch der Futterpflanzen** – Für Schildkröten und andere Reptilien. Kirschner, 2008

Rogner, Manfred: **1 x 1 der Terraristik** – Amphibien und Reptilien richig halten und pflegen. Kosmos, 2011

Rüschoff, Birgit und Christian, Bettina: **Reptilienpraxis.** Herpeton, 2006

Register

Danksagung

An dieser Stelle möchte ich mich herzlich bei allen bedanken, die mich jederzeit freundlich und hilfsbereit unterstützt haben. Besonderer Dank gebührt Prof. Dr. Eulenberger für die Korrektur des gesamten Manuskriptes. Weiterhin danke ich Dr. Frank Mutschmann, Oliver Drewes, Dr. Oliver Fischer, Ingo Diegel, Dr. Petra Wolf und Dr. Ingo Kober für hilfreiche Anmerkungen und Korrekturen einzelner Textpassagen bzw. für die Bereitstellung von Literatur-, Bild- und Grafikmaterial. Ein großes Dankeschön an die Mitarbeiter und Kollegen der eigenen Tierarztpraxis für Verständnis und zeitlichen Freiraum zur Fertigstellung des Buches.

Bildnachweis

140 Farbfotos wurden von Dr. Peggy Riedel für dieses Buch aufgenommen.

Impressum

Umschlaggestaltung von eStudio Calamar unter Verwendung von Farbfotos von Dr. Peggy Riedel.

Mit 140 Farbfotos.

Alle Angaben in diesem Buch erfolgen nach bestem Wissen und Gewissen. Sorgfalt bei der Umsetzung ist indes dennoch geboten. Autorin und Verlag übernehmen keinerlei Haftung für Personen-, Sach- oder Vermögensschäden, die aus der Anwendung der vorgestellten Materialien und Methoden entstehen könnten.

Unser gesamtes lieferbares Programm und viele weitere Informationen zu unseren Büchern, Spielen, Experimentierkästen, DVDs, Autoren und Aktivitäten finden Sie unter **kosmos.de**

FSC www.fsc.org MIX Papier aus verantwortungsvollen Quellen FSC® C005833

Gedruckt auf chlorfrei gebleichtem Papier

ISBN 978-3-440-12277-8
Redaktion: Valeska Klauder
Gestaltung und Satz: DOPPELPUNKT, Stuttgart
Produktion: Eva Schmidt
Printed in The Czech Republic / Imprimé en République Tchèque